小卫星及其监管

Small Satellites and Their Regulation

[加] Ram S. Jakhu
[美] Joseph N. Pelton　著
赵岳生　晏　政　张　博　译
　　　赵岳生　审校

国防工业出版社
National Defense Industry Press

著作权合同登记 图字：军 -2016 -098 号

图书在版编目（CIP）数据

小卫星及其监管/（加）拉姆·S.贾谷（Ram S. Jakhu），（美）约瑟夫·N.佩尔顿
（Joseph N. Pelton）著; 赵岳生，晏政，张博译. -- 北京 : 国防工业出版社，2017. 6
（国防科技著作精品译丛）
书名原文：Small Satellites and Their Regulation
ISBN 978-7-118-11133-0

Ⅰ. ①小… Ⅱ. ①拉… ②约… ③赵… ④晏… ⑤张… Ⅲ. ①小型卫星—监督管理
Ⅳ. ①V474.1

中国版本图书馆CIP数据核字（2017）第 159884 号

Translation from the English language edition:
Small Satellites and Their Regulation
by Ram S. Jakhu and Joseph N. Pelton
Copyright © Springer New York 2014
Springer is part of Springer Science+Business Media
All Rights Reserved

本书简体中文版由 Springer New York 授权国防工业出版社独家出版。
版权所有，侵权必究。

小卫星及其监管

[加] Ram S. Jakhu [美] Joseph N. Pelton 著

赵岳生 晏 政 张 博 译
赵岳生 审校

出版发行	国防工业出版社	
地址邮编	北京市海淀区紫竹院南路 23 号	100048
经 售	新华书店	
印 刷	北京嘉恒彩色印刷有限责任公司	
开 本	710×1000 1/16	
印 张	7¼	
字 数	95 千字	
版 印 次	2017 年 6 月第 1 版第 1 次印刷	
印 数	1—2000 册	
定 价	48.00 元	

(本书如有印装错误，我社负责调换)

国防书店: (010) 88540777 发行邮购: (010) 88540776
发行传真: (010) 88540755 发行业务: (010) 88540717

序

　　随着我国一箭 20 星的成功发射，以"天拓" 3 号、"希望" 2 号、"开拓" 1 号等为代表的微小卫星引起人们更多关注。目前，航天理论研究和应用探索的不断发展，计算机、传感器设备小型化、软件化、智能化等航天应用支撑技术的持续进步，以及以美军"作战响应空间" (Operation Responsive Space, ORS) 为代表的快速、敏捷、多能、高时空分辨率军事应用需求的涌现演变，综合催化了小卫星及其应用技术的加速发展，使之成为举世瞩目的航天新宠、信息化尖兵，甚至可以说，世界范围掀起了一场开发和部署小卫星的新浪潮。

　　小卫星，"麻雀虽小，五脏俱全"，既有常规航天器固有的内在结构，也有其主要外在要素，更可能要求以分布式模式实现大卫星复杂而综合的功能，从而适合一系列空间应用，因此在经济、技术和运营等方面具有特别的意义。太空中，已有数十颗立方体卫星运行于高轨、中轨等长寿命空间轨道，数百颗微小卫星运转在近地轨道，服务于多种需求的用户，尤其适用于科学探测、资源普查、应急抢险和军事应用等领域。同时，国际市场上也出现了各种各样简单、快捷、灵活、价格实惠的商业航天组件，为各类航天工作者、航天爱好者、企业和组织提供了设计、生产、发射、运营等环节的创新机会, 使其航天梦不再遥远, 一切变为皆有可能。

就像互联网对信息领域的创新起到牵引带动作用一样, 有理由相信, 微小卫星的蓬勃发展将带动一个崭新的航天时代, 使未来若干年的航天产业, 变成充满激情、广泛参与与价格合适的逐梦运动, 对于我国建设网格化、智能化、标准化甚至全球化的一体化信息网络也具有重要意义, 我们可以寄予无限期待。

本书正是在这样的辉煌背景下, 展开了一幅小卫星各种相关技术的美妙画卷。书中使用了简要的、易于理解的技术和非技术语言, 对小卫星产业进行了跨领域的综述, 概要描述了小卫星方面的最新研究成果和正在进化的新技术, 从概念内涵、发展演变和指标要点等技术层面知识 (第 1~3 章), 到可适用法规、技术许可、责任义务等管理层面知识 (第 4~6 章), 技术、运行和管理方案 (第 7 章), 以及当小卫星呈现指数级增长后必须研究考虑的缓解空间碎片问题 (第 8 章) 等进行了系统研究介绍, 便于读者快速掌握小卫星 "是什么、能干什么和怎么干" 等核心问题, 也有助于深入理解小卫星背后的基本原理、关键技术、空间环境及轨道碎片等相关问题, 充分了解涉及小卫星的应用、管理、运营和法律责任等方方面面, 非常值得阅读。最后, 在此也感谢赵岳生博士让我先睹为快, 阅读过程中感到受益匪浅。

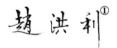

赵洪利[1]

2016 年

---

[1] 装备学院训练部部长、教授, 航天教育与卫星应用领域资深专家。

译者序

伴随着计算机、微纳传感器、软件工具等信息产品的高速发展，以星载计算机、微纳器件为特点的新一代小卫星粉墨登场，在世界范围内掀起了一场航天变革。

新一代小卫星的发展速度之快，令世人惊叹不已。2008 年 4 月 28 日，印度进行了一箭 10 星的成功发射；2013 年 11 月 19 日，美国一箭 29 星成功发射；2013 年 11 月 21 日，俄罗斯一箭 32 星成功发射；2014 年 6 月 20 日，俄罗斯一箭 37 星成功发射；2015 年 9 月 20 日，中国一箭 20 星成功发射；2016 年 6 月 22 日，印度一箭 20 星成功发射；2017 年 2 月 15 日，印度一箭 104 星成功发射 (目前一箭多星的世界最高纪录)。具有典型意义的是，为美国军方提供信息服务的铱星系统 (66 颗卫星)、全球星系统 (48 颗卫星)、Orbcomm 系统 (18 ~ 36 颗卫星)，已经大量采用小卫星，美国军方下一代信息系统的建设，也将更加充分地利用小卫星的各种优势。

对于小卫星，国际社会表现出强烈热忱。联合国外层空间事务办公室，通过在世界各地举行会议和研讨会，提升民众兴趣；发展中国家表现得很热衷，把小卫星工程当作彰显科技进步、提升国家形象的重要形式；美欧等发达国家，已经开始全民动员，从中学阶段提供教育实践课程，甚至为中学生、航天爱好者提供发射入轨的机会。毫无疑问,小卫星是一种全民式、大众化的航天器,可以由各种机构甚至航天爱好者设计和建造完成。

小卫星为航天产业带来的是一种革命式的进步,在某些情况下,小卫星可以实现普通人的航天梦想,也能完成大型卫星不能完成的壮举。小卫星有着不同的类型,具有多样的功能,服务于不同的用户,尤其适用于科学探索等创新目的、学生航天等教育目的、应急抢险等突发事件、军事干预等战略目的。未来 10 年、未来几十年的航天产业,将是梦想成真、充满激情的全民活动,并且将会以小卫星作为首要引领。

在以航天事业进步为标志的信息时代,社会面貌的变化超出想象,我们可以寄予无限期待。本书适时地展开了这样一幅美妙画卷,意趣盎然,有助于了解小卫星的方方面面。本书作者以航天法学专家的视角,汇集了小卫星领域的新鲜材料,探讨小卫星及其监管的各方面关键问题。作者有着难能可贵的全局视角、国际视角,尤其对监管法规、空间碎片方面的讨论,有独到之处。对于卫星设计师,以及怀有航天梦想的广大读者,本书值得一读。

对于本书的翻译工作,需要做出几点说明。

英文航天著作,从来不使用"太空"一词,也很少使用"航天"一词。与中文"太空、航天"对应的是"space"。为了准确地表达作者用意并且符合中文读者的用语习惯,译者在少数位置,将"space"译为"太空、航天"。类似地,为了符合中文读者的阅读习惯,译者在书中多处进行意译和补充说明。

本书 1~4 章由赵岳生博士翻译,第 4~8 章由晏政博士翻译,部分段落由张博高级工程师翻译,全书由赵岳生博士统稿并完成四次审校。

由于译者水平有限,虽然以百倍的努力,多方设法提高译稿质量,谬误仍然在所难免,欢迎读者提出宝贵意见。

　　特此感谢国防工业出版社崔晓莉主任、崔艳阳编辑的辛勒劳动与关怀指点。谢谢!

岳生

2017 年 3 月 31 日

作者简介

Ram S. Jakhu

Ram S. Jakhu 博士, 加拿大蒙特利尔麦吉尔大学法学系航空航天法律研究所副教授。他从事教学工作, 并从事国际空间法、空间应用法、空间商业化法、空间活动的政府监管、无线通信法和加拿大通信法、国际公法研究工作。他是世界经济论坛的空间安全理事会成员和研究员, 同时也是促进

空间安全国际协会 (IAASS) 法律委员会和监管委员会主席。2007 年, 由于他对空间法发展的卓越贡献, 获得了空间法国际学院授予的 "杰出贡献奖"。他是《空间条例图书馆》系列图书的总编辑、《航空航天法年报》和《德国航空航天法杂志》的编辑委员会成员。1999 — 2013 年, 担任空间法国际学院的董事会成员; 1999 — 2004 年, 担任麦吉尔大学受管理行业研究中心主任; 1995 — 1998 年, 担任法国斯特拉斯堡国际空间大学硕士课程的第一届主管。由他作为作者和编辑的获奖著作《空间活动的国家法规》广泛发行。他的学位包括旁遮普大学文科学士学位和法学学士学位、旁遮普大学国际法学硕士学位、麦吉尔大学航空和航天法法学硕士学位、麦吉尔大学外层空间和通信法民法博士学位 (名列校长授勋名单)。

Joseph N. Pelton

Joseph N. Pelton 博士是 Pelton 国际咨询组织的负责人，是国际空间安全基金会的前任主席、促进空间安全国际协会执行董事会的成员。他是 Trustees 董事会的前任主席、国际空间大学的副董事长和校长，以及乔治·华盛顿大学空间和先进通信研究院 (SACRI) 的名誉主任。1998 — 2005  年，Pelton 博士还在乔治·华盛顿大学担任通信和计算机专业科学硕士学位速成项目主任。他是 Arthur C. Clarke 基金会的创始人，一直担任董事会的副主席。

Pelton 是一位发行广泛的获奖作家，亲自撰写以及与同事合著、合编超过 30 本著作。他的著作《全球对话》被提名为普利策获奖作品，并荣获 Eugene M. Emme 宇航文学奖。Pelton 博士是国际宇航科学会的正式成员、美国航空航天协会 (AIAA) 的副研究员、空间安全发展国际联盟 (IAASS) 会员。他是卫星职业国际性组织协会创会会长 (SSPI)，并列名 SSPI 名人堂。过去两年里，一直担任 Comsat 前同事和退休人员协会 (COMARA) 社长。他获得的学位有：塔尔萨大学学士学位、纽约大学硕士学位、乔治城大学博士学位。

致谢

我们以诚挚的感激之情, 向提供宝贵协助的 David Finkleman 博士 (民用、商用、军用空间系统的权威) 致谢。Finkleman 博士有一篇题为《小卫星困境》的未发表论文, 短小简练但是非常精彩, 他授权我们在本书中使用该论文的某些部分。

Martin Sweeting 先生和 Yaw Nyampong 博士审阅了本书的早期手稿, 并提供非常有价值的意见, 提升了本书的质量和准确性。对这两位学者, 我们表示感谢。

我们也向 Setsuko Aoki 博士、Tare Brisibe 博士、Irene Ekweozoh 女士、Thomas Gillon 博士、Atsuyo Ito 博士、Joy-Marie Lawrence 女士、Justine Limpitlaw 女士、Bruce Mann 先生、K. R. Sridhara Murthi 先生表示感谢, 他们提供了非常有用的信息, 用来改善本书的部分内容和事实准确性。此外, 我们想表达对下列人士的感谢: Jones Day Law 公司的 Delbert Smith 博士和 Elisabeth Evans、英国星际学会主席 Alistair Scott、萨瑞空间中心和萨瑞卫星技术有限公司的 Martin Sweeting 爵士、Peter Marshall 先生, 他们以不同的方式协助这项工作。

尽管有着上述宝贵支持, 我们仍然为本书中的任何错误担负完全责任。

目录

在探索和利用外层空间的过程中，出现了越来越多的问题。本书献给所有为这些问题寻求更好答案的人们，包括联合国外层空间事务办公室的工作人员、联合国外层空间和平利用委员会成员、机构间空间碎片协调 (IADC) 委员会成员，以及世界各地的相关国际机构/国家机构的工作人员。

    本书由施普林格出版社与国际空间大学 (ISU) 合作出版。国际空间大学的中心校区位于法国斯特拉斯堡，其他校区分布在世界各地多个地点。国际空间大学为全球范围空间社团的未来领袖们提供研究生水平的培训。

    国际空间大学提供 2 个月的空间探索课程、5 周的"南半球课程"、1 年的执行类工商管理硕士课程，以及 1 年期硕士课程，该 1 年期硕士课程的内容涵盖空间科学、空间技术、系统工程、空间政策和法律、商业与管理、空间与社会。

    这些课程，为国际研究生和年青的航天工作者提供了学习机会，同时也提供了在跨文化环境中解决复杂问题的机会。国际空间大学自 1987 年成立以来，来自 100 多个国家的 3000 多名学生从国际空间大学毕业，形成了专业人员与领导者的国际网络。在空间探索、空间应用、空间科学、空间科技发展等领域，国际空间大学的全体教员和来自世界各地的讲师，已经出版和发表了数以百计的书籍和文章。

第1章

为什么讨论小卫星，为什么撰写本书

1.1 简介

在空间时代的开始阶段，由于早期运载火箭的运载能力有限，所有卫星都倾向于小一些。早期卫星，例如"探索者"1号、Intelsat-1号（又名 Early Bird）的质量，仅仅达到几十千克量级。随着发射器和火箭系统的能力变得更强，实验卫星被设计用于开展更复杂的任务，由于规模经济和不断增长的全球需求，卫星变得更大并且更重，支持人类驻留的空间站已经成为庞然大物。尽管如此，一系列空间应用使得小卫星（即立方体卫星、微卫星、纳卫星、星座内的小型航天器）变得更有意义。这样的小卫星，对于经济、运营、技术方面的不同原因，同样很有意义。在某些情况下，小卫星星座可以完成大型卫星不能完成的壮举。

目前，一场开发和部署小卫星的革命正在进行[1]。现在，长寿命空间轨道上有超过 50 颗立方体卫星，约 90% 的小卫星驻留和运行在近地轨道，还有数以百计的小卫星，注定在不远的将来发射进入这种类型的轨道。太阳同步极地轨道已经相当拥挤，越来越多的航天器还将加入进来[2]。

近期，美国国家航空航天局（NASA）征集了缓减立方体卫星碎片的各种概念。显然，人类世界正在认真地对待这些小型航天器，而轨道碎片灾害正在向空间安全露出"獠牙"。所有类型的轨道碎片，其中包括小卫星的轨道碎片，对于所有类型的未来空间企业，都有着潜在的不利影响。

对小卫星，各国有着不同观点。发展中国家表现得很热衷，联合国外层空间事务办公室通过在世界各地举行会议和研讨会，也在提升这种兴趣。毫无疑问，在世界各地的私人公司和院校，将使用多种多样的仪器，设计和建造这些卫星。图 1.1 展示了有着商业现货而且价格实惠的各种各样的立方体卫星。

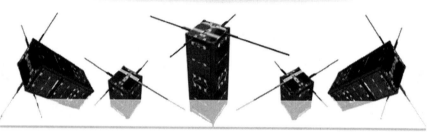

ISIS立方体卫星解决方案
ISIS提供交钥匙式的立方体卫星解决方案，涵盖从1.4 kg标准立方体卫星直到20 kg紧凑小卫星的宽广范围。

图 1.1 由多家供应商提供的典型立方体卫星配置

(摘自《ISIS 立方体卫星解决方案》)

卫星的"小"，往往被认为它们好像都是同样的。"小"的定义颇有争议，对于小卫星存在几种不同的定义，最常见的是国际宇航学会 (IAA) 在地球观测卫星研究工作中给出的：

(1) 小卫星，小于 1000 kg。

(2) 微卫星，小于 100 kg。

(3) 纳卫星，小于 10 kg。

(4) 皮卫星，小于 1 kg。

但是，这种基于质量的分类方式，不足以表征卫星的轨道风险或轨道结构。单纯的质量, 不能定义形状、朝向、机动能力、可观测性, 以及其他重要特性。为任何一种定义的小卫星选择轨道结构, 还必须考虑其他特点。简而言之, 物理尺寸、形状、质量是重要的, 但是其他特性对于缓减空间碎片和节制轨道交通可能是关键的, 这些特性包括: 出于定轨目的对该卫星的观察能力、该卫星的机动能力, 以及与该卫星进行通信和控制该卫星的能力。

事实上, 有许多不同类型的小卫星, 具有多样的功能, 服务于不同的用户。基于不同的功能和尺寸, 表 1.1 提供了理清众多不同类型小卫星的一个有效途径。

表 1.1 小卫星的不同功能类型与不同尺寸

小卫星的功能类型和尺寸								
尺寸 (按质量划分)	远距通信星座	短消息与数据中继	业余无线电	遥感与低精度主动传感	接收地面或海基传感器信号的系统	气象	科学实验	学生实验与大学实验
小卫星 (100~1500 kg)	典型	典型		典型	典型	典型	典型	偶尔
微卫星 (10~99 kg)	偶尔	典型	典型	偶尔	典型	典型	典型	典型
3U 立方体卫星 (10~20 kg)		典型	典型	偶尔	典型	偶尔	典型	典型
立方体卫星 (5~10 kg)		稀少	稀少				偶尔	典型
纳卫星、皮卫星、飞卫星①							稀少	典型
① 定义可以不同, 但是纳卫星通常是在 1~10 kg 范围 (这也可能是一颗立方体卫星), 皮卫星在 100~1000 g 的范围, 飞卫星 (毫皮卫星) 在 10~100 g 范围 (微卫星和小卫星的定义, 参见互联网链接: https://en.wikipedia.org/wiki/Miniaturized_satellite)								

表 1.1 仅仅是各种功能、各种类型小卫星的范例，采用了一些有实用价值的分类方式。实际情况当然要复杂得多。小卫星星座的数量相对较少，例如双星的 Lifesat，可以在公共事业或人道主义事业中用于存储转发服务，其连接时间按小时来测量；较大的群组，例如 Orbcomm 星座 (拥有近 30 颗小卫星)，可能用于商业贸易或者 "机器到机器" 服务，在这种情况下，连接时间能达到几分钟。

其他情况下，包含大量航天器 (数量为 50~75 颗) 的小卫星星座，可能提供即时移动通信，成为完全商业化的民用或军用语音服务系统。为军方提供服务的小卫星星座，以铱星和全球星 (Globalstar) 移动通信卫星网络为典型代表。即使是同一类型的星座，也可能有着相当不一样的设计。以用于移动通信的铱星全球卫星网络来说，由于采用极地轨道卫星，存在着星间交叉链接和全球覆盖。与此相对，全球星星座被设计成只为北纬 55°和南纬 55° 之间地区提供服务，并且没有设计并且提供交叉链接。这需要全球星系统有更多的地面设施实现互联互通。

大多数小卫星都部署在近地轨道，但也可以将小卫星星座部署在中高轨道，甚至偶尔部署在地球同步轨道或其他特殊轨道。出于战略目的或其他目的，例如军事干预或突发事件 (如疫情暴发)，甚至可能将一颗小卫星发射送入地球同步轨道。

商业和科学实验 "小卫星"，例如，NASA 的 FAST 卫星 (质量为 200 kg)，尺寸范围很宽，质量达到 100~1500 kg，并且性能和功能也可以相差很大。稍大一些的小卫星，通常进行全方位的能力设计[3] 。因此，它们装备蓄电池和太阳能阵列发电系统、主动稳定系统、定向系统、定位系统，具备非常重要的轨道脱离能力，或者机动到停泊轨道的能力。卫星稍小的情况下，功能可能要少得多。它们可能采用简陋些的重力梯度稳定系统；它们可能没有主动定向系统或者被动定向系统；它们在运行时，使用完全没有主动稳定能力或定向能力的甚低增益全向天线或斜视波束天线。最小的纳卫星或立方体卫星单元, 完全没有主动脱离轨道的能力。

1.2 理解大、小卫星之间的差异

主要用于通信、气象、导航、遥感和地球观测、国防应用、科学探索、人类居住的航天器类型, 通常是重达数吨的大型结构。这是因为, 在大多数高科技设备中存在规模经济, 卫星也不例外。例如, 当它们各自的容量使用 W/kg 为单位进行衡量时, 大型太阳能阵列或者蓄电池, 比小型太阳能阵列或者蓄电池的效率更高。同样, 当航天器变得更大时, 相对于承载有效负载的 "巴士" (译者注: 航天飞机、运载火箭等发射工具) 的质量比率, 有效负载航天器的质量比率增加了。一部分规模经济是由劳动力成本获得的, 因为当航天器尺寸增大时, 航天器设计和测试中的劳动力成本成比例地降低。4 倍大的卫星, 可能只增加 1/3 的设计、工程、测试费用。

虽然按照尺寸, 地球轨道上所有航天器所呈现质量的约 95%, 可划归中型到大型航天器, 但是按照数量, 绝大多数可以划归立方体卫星、微卫星、纳卫星, 或者直接划归 "小卫星"。与地球轨道上的卫星总数相比, 小卫星呈现了非常大的比例。1000 颗立方体卫星仅重 1000 kg (仅相当于国际空间站质量的 0.25%, 国际空间站重约 400 t)。甚至 11000 kg 的哈勃空间望远镜, 或者一颗质量 10 t 的大型通信卫星, 都相当于几千颗小卫星。

有人可能会理性地发问: 如果大型航天器的效率更高, 为什么可看到在太空中有这么多 "小家伙"? 不同类型用户的动机和目标相差非常之大, 许多不同的原因造成这种现象。此外, 最新的微小型化技术也使得小卫星 —— 特别是在近地轨道星座中的小卫星 —— 越来越有效率, 正在部署小卫星星座来完成某项任务时, 尤其如此。小卫星背后的动机范围, 可能是 "书呆子式的乐趣", 可能是目标明确的最新空间技术实验验证, 可能是一个国家通过声称已经建造和发射卫星来展示国威, 可能是部署可以提供商业服务的卫星星座，或者可能是政府目标或军事目标的实现。

我们清楚地知道，部署太多这类小型航天器，将会造成轨道碎片问题，因为它严重地导致了太多垃圾的累积 —— 尤其是在近地轨道。许多小卫星涌入轨道，却很少做出留在那里 20~50 年或更久一些的努力。因此，当本书在论述促使小卫星更好、更强的途径时，也将探究这些小型航天器的法规，以及最新的低成本、简单技术，一旦这些技术实现了最初目标，就能够帮助小型航天器脱离轨道。还有一些人，正在促成一些激励措施和法规，推动诸多小卫星试验和小卫星项目的整合。这将允许它们以低廉的成本，方便地在国际空间站或私人空间平台上面飞行，也可以作为较大航天器上的 "搭载有效载荷" (译者注: Hosted Payload, 也称为托管有效载荷)。问题的焦点在于，动员那些希望设计、建造、发射小卫星的人们，使得空间碎片的产出量最小化。

1.3　不同类型的小卫星及其部署原理

对于许多空间应用或者空间研究项目，一个特定任务的最佳解决方案，是发射一群微小卫星组成一个星座，而不是发射一颗大卫星。下面列举一些主要的考虑。

一群近地轨道卫星可以提供传输延迟极短的通信，与此对照，地球同步通信卫星在地球 - 卫星或卫星 - 地球通道有 0.25 s 的延时，也就是说，一个完整的往返回路有约 0.5 s 延迟；学生教育项目和学生研究项目，必须是简单而低成本的，才能在院校科研预算的限制下发射上天；业余无线电操作者，只需要一个低功率信号去实现链接；发展中国家或新兴经济体希望能够声称它们已经能够设计和建造卫星；国际援助机构，只需要简单地向农村和偏远地点发送文本消息，因此不需要实时宽带通信系统；国防机构可能需要一种特定能力，只在短暂时段内，对特定的目标区域提供监视链路和通信链路。

小卫星、微卫星、立方体卫星，甚至更小卫星背后的基本原理，相当容易理解。这样的紧凑型卫星成本很低、易于发射，可以为学生、小型团体以及希望可以利用空间的实验者开辟新的机会。随着处理器和专用集成电路 (ASIC) 性能更加强大，很小的卫星就能实现一些比较复杂的功能。

总之，有很多理由发射小卫星，但在许多情况下，主要问题是设计、建造、发射小卫星的经费预算非常有限。这经常意味着通常提到的 "立方体卫星"，其常规定义是：4 英寸 × 4 英寸 × 4 英寸 (或者 10 cm × 10 cm × 10 cm) 立方体、质量不超过 2.7 磅 (1.2 kg) 的小卫星。由立方体卫星向上，有一个选项范围：可以是小卫星，例如用于业余无线电的 Oscar 卫星 (通常在几十千克范围内)，直到科学型、实验型甚至实用型卫星，其质量在几百千克范围内。这时，所有事情都是相对的。今天，与 10 t 左右的航天器相比，重达 1 t 的卫星还是可以看作小型卫星。小卫星的例子包括存储转发卫星或小型遥感卫星，可能通常由那些专业的小卫星机构设计，比如萨瑞空间中心 (尤其是其商业部门 —— 萨瑞卫星技术有限公司) 或犹他州立大学的小卫星课题组。

发射小卫星的另一组理由，可以归结为部署近地轨道或中高轨道卫星星座来支持商业服务的概念。这类小卫星星座通常被设计用于连接运动的用户，这些用户希望使用紧凑的低功耗收发器进行通信。这样的网络设计，得益于短得多的传输距离 —— 因而降低时间延迟，而且 "路径损耗" 由于低轨道而更加温和。需要权衡的是价格，为了使用近地轨道星座实现全球覆盖，通常需要多得多的大量卫星。地球同步轨道上的 3 颗卫星能提供全球覆盖，中高轨道上的 10~15 颗卫星也可以覆盖全球，但是在近地轨道上，需要部署 50~75 颗卫星才能覆盖全世界。

在这里，覆盖的概念很简单，就像有 "更高的天线杆" 或者爬上更高的树，可以拥有更宽广的视野。就地球同步通信卫星网络来说，部署 3 颗大型商业卫星就可以实现全球覆盖。这是因为，在那个海拔高度 —— 差不多是地月距离的 1/10 —— 卫星具有高得多和宽得多的视野。但是这样的系统，其缺点是长得多的传输延迟和巨量路径损耗，因为信号是从极远处扩散的 (除非使用巨大无比的天线使波束聚集而不扩散)。当然，将卫星送入地球同步轨道的单颗发射成本较高，但总的净发射成本得以降低，因为发射的卫星少得多。

如果要建立一个全球通信网络，替代方案是在近地轨道部署大量的较小卫星，这些较小的近地轨道卫星具有少得多的路径损耗 (也称为信号从卫星到地面的扩散损耗，反之亦然)。近地轨道星座涉及少得多的传输延迟，在用户广泛分布的情况下，通常能够使用小得多的收发机 (或手机)。

1.4　轨道空间碎片和小卫星的突出问题

轨道碎片的问题，在某些方面很简单，在其他方面相当复杂。首先，目前只有八个航天国家有能力始终如一地定期将人造卫星发射入轨，另外三个国家，即伊朗、朝鲜、韩国，正在完善其发射能力。目前在空间轨道上的"垃圾" —— 轨道上的在役卫星或失效卫星、火箭发动机、各种部件等，其总数的 90% 以上是由美国、苏联/俄罗斯、中国、欧洲的发射活动导致的。

1957 年 10 月以来，约 6000 颗卫星被送入轨道，其中约 1000 颗依然可以使用。美国空间监视网追踪超过 21000 个物体，被监测物体的尺寸下限，在近地轨道上是 5~10 cm，在地球同步轨道上是 0.3~1 m。而且，地球轨道上的空间碎片总数正在以指数形式增长 (参见图 1.2)。美国国家研究理事会的一份报告显示，空间碎片已经达到"卸载点"[4]，并且，空间中数量越来越多的卫星将进一步加剧这一局面，从而威胁空间活动的长期可持续性。

现在有理由担心，在不久的将来可能发生"凯斯勒综合症"(Kessler

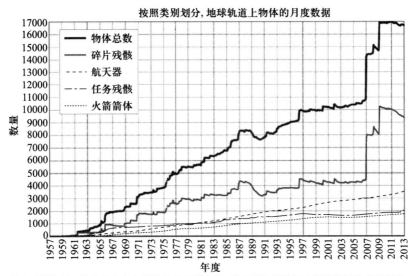

按照类别划分, 地球轨道上在册物体的月度数据: 此表展示了美国空间监视网官房登记的 "碎片残骸", 包括卫星解体碎片和意外事故碎片, 同时, "任务碎片" 包括所有废弃物体。
http://orbitaldebris.jsc.nasa.gov/newsletter/pdfs/ODQNv1711.pdf

图 1.2 空间中物体数量的历史演变 (NASA 提供)

Syndrome, 某处空间碎片失控, 以连锁反应持续暴增), 除非空间碎片的主动清除进程得以启动, 并且抑制新的空间碎片产生的指导方针得以强化。如图 1.3 所示, 地球轨道上的空间碎片总量已经增加到 6300 t 以上, 而且不幸的是, 碎片数量持续地增长。

记录在案的第一次碰撞, 发生在 1996 年, 一枚发射碎片击中了 CERISE 微卫星 —— 它幸存下来并重新工作。最近几年, 空间碎片已经发生了多次亲密接触和碰撞。2009 年 2 月 10 日, 一颗报废的俄罗斯宇宙 2251 卫星与在役的铱星 33 发生碰撞, 后者受到破坏, 导致电信服务中断并且产生数千枚空间碎片。另一次引人注目的空间碰撞是在 2013 年 5 月 23 日, 发生在俄罗斯火箭的一块碎片与厄瓜多尔的第一颗立方体卫星 "Pegaso" (参见图 1.4) 之间[5]。这次碰撞表明, 即使立方体卫星也不能免除空间碎片造成的危险。据 NASA 所说, 甚至更小的物体都有可能击中小卫星[6]。

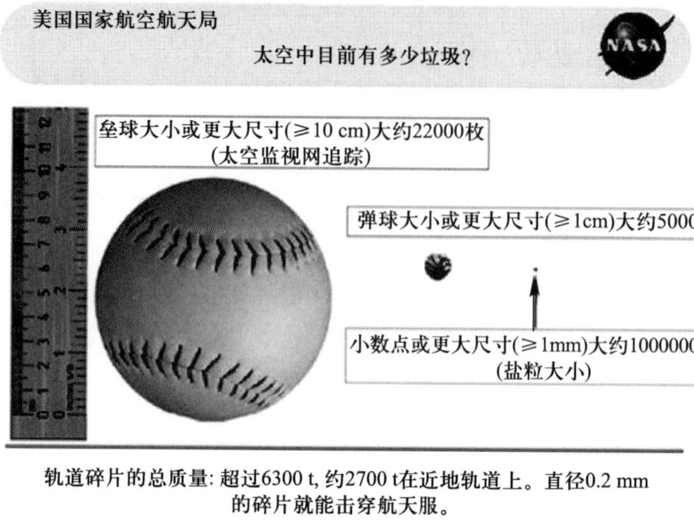

美国国家航空航天局

太空中目前有多少垃圾?

NASA

垒球大小或更大尺寸(≥10 cm)大约22000枚
(太空监视网追踪)

弹球大小或更大尺寸(≥1cm)大约500000枚

小数点或更大尺寸(≥1mm)大约100000000枚
(盐粒大小)

轨道碎片的总质量: 超过6300 t, 约2700 t在近地轨道上。直径0.2 mm
的碎片就能击穿航天服。

图 1.3　空间碎片整体问题的量化表示 (NASA 提供)

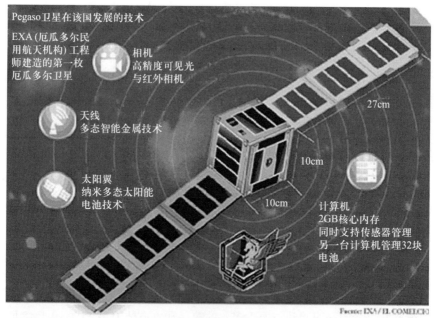

Pegaso卫星在该国发展的技术

EXA(厄瓜多尔民
用航天机构)工程
师建造的第一枚
厄瓜多尔卫星

相机
高精度可见光
与红外相机

天线
多态智能金属技术

27cm

太阳翼
纳米多态太阳能
电池技术

10cm

10cm

计算机
2GB核心内存
同时支持传感器管理
另一台计算机管理32块
电池

Fuente: EXA / EL COMELCIO

NEE-01 Pegaso是厄瓜多尔科技示范卫星, 也是厄瓜多尔发射上天的第一颗卫星。它是一颗1单元
立方体尺寸的纳卫星, 由 EXA (Ecuadorian Civilian Space Agency) 建造。该航天器的设备包括一
台双体可见光和红外相机, 用于从太空拍照并传送实时视频。

图 1.4　厄瓜多尔的 Pegaso (Pegasus) 卫星 (Satnews 提供, 2013 年 5 月 29 日)

根据现行国际空间条约, 作为主要航天国家的那些发射国家, 美国、苏联/俄罗斯、中国及一些欧洲国家, 肩负着解决这一问题的最大责任, 哪怕这些发射国家是为其他国家提供发射服务, 将卫星、空间站、其他空间物件送入空间。空间碎片问题生死攸关, 因此, 小卫星对空间碎片的贡献, 是本书探讨的关键领域。关于这一点, 很多人认为, 最好的补救策略是找到主动清除大型空间物体的方法, 但是寻找对于小卫星的更好策略, 仍然是国际关注的首要问题。

1.5 本书的概念和范围

本书的理念, 是在一本简短书籍的有限篇幅内实现几个关键目标, 为这一领域以及这一领域的法规提供更高层次的综述。首先, 我们试着描述和定义各式各样的小卫星, 并且解释谁设计、谁建造、谁运营它们。并描述那些对于小卫星有着特别意义和重要性的关键技术, 尤其是那些正在不断进化的、有助于小卫星产业蓬勃发展的新技术。

本书特别提供了小卫星产业的历史背景, 同时, 讨论了支撑这一领域未来发展所需的最新解决方案。它解释了为什么发射不同尺寸、不同形状的小卫星, 在今天仍然是有意义的, 并解释了小卫星的设计多样性与用途多样性, 解释了小卫星怎样满足那么多不同用户的各种需求, 以及新的概念例如 "搭载有效载荷" 正在怎样改变着小卫星产业。最后, 本书着眼于被整个卫星产业看作重大问题, 但是对于小卫星具有特殊意义的轨道空间碎片问题。

本书致力于使用简单的非技术语言, 为小卫星产业的各重要方面提供一个开阔的、最新的综述。小卫星产业是全球空间事业非常特殊的部分, 本书探索这一领域面临的科技挑战、运营挑战、法规挑战。过去几年中, 由于多种原因, 这些挑战已经进入了一个全新的阶段。一股积极的驱动力量是新近的经济刺激, 来自微电子工业和正在快速发展的新式低成本商业发射能力。另一项驱动力量是 —— 目前还是消极因素 —— 轨道空间碎片问题。这一问题已经达到了一个新的、危险的关切水平, 但是最新的科技进步和搭载有效载荷方案, 至少可以提供一部分解答。

本书还进一步考察了各种类型小卫星能够被部署的不同类型的用途, 并且调查了背后的原因。本书还探讨了正在不断涌现的各种创新工作。除了提出用更小的卫星获得更好的性能的方法, 这些创新工作也涉及如何尽量消除不断恶化的轨道碎片问题。这些创新工作的实例包括: ① 完成任务后, 低成本并且有效的小卫星轨道脱离方法; ② 联合进行适当的空间实验和空间任务的方法, 例如 "NanoRacks", 这种特别设计的机架允许在国际空间站上完成大量的实验; ③ 创新利用小卫星星座或其他卫星, 为其他有效载荷充当 "宿主", 否则这些有效载荷将被各自部署为独立飞行的多个小卫星; ④ 小卫星的新式部署概念和部署系统; ⑤ 小卫星的新式低成本商业发射系统。

目前, 有远远超过 20000 枚轨道碎片的主要成分被追踪, 并且, 大多数立方体卫星、纳卫星、微卫星、小卫星所驻留的近地轨道, 到目前为止是最拥挤的区域。因此, 我们面临的挑战不仅仅是使小卫星的能力更强、性价比更高、功能更多样, 而且需要寻求其他创新方案, 用来处理轨道交通拥堵问题。当然, 并非每一项创新都必须有助于解决轨道碎片问题。例如, 最近一项创新称为 JEM 小卫星轨道部署器 (J-SSOD), 需要为国际空间站 (ISS) 上的日本实验模块 JEM 添加一项新功能。这项新功能是在 JEM 上安装一只机械式空间机器人手臂, 目的是从国际空间站上 "发射" 小型立方体卫星。立方体卫星经由常规供货任务运送到国际空间站, 之后, 这一创新技术就能够以低廉的成本, 部署多颗这类立方体卫[7]。

本书努力展示一些最新研究成果和正在进化的新技术, 这些技术可能有助于或促进小卫星脱离轨道, 从而使不断恶化的轨道碎片问题最小化。

大多数小卫星,往往没有允许它们或协助它们返回地球的燃料或者轨道脱离机制。就这一点而言,本书考虑的关键要素,涉及新式轨道脱离解决方案和寿命末期程序。最后,讨论那些支配小卫星的部署、运营、轨道脱离的监管机制,以及与这一级别卫星有关的责任规定。

1.6 本书结构

第 1 章给出了"小卫星"领域的快捷综述,并且广义地讨论了这种质量范围从几克到 1500 kg 的空间物体的各种类型及用途。显然,这些卫星有很多很多类型,在各种实用场景和科学实验中灵活地得到使用。对轨道碎片问题和风险越来越大的雪崩效应 (也称为凯斯勒综合症,生成致命的空间碎片云),提供了一些洞悉式的见解。

对于小卫星的诸多设计师、工程师、运营师,第 2 章提供多得多的细节。小卫星系统,主要因为下列原因不断进步: ① 军事和战略; ② 抢险救灾和短波业余无线电; ③ 教育应用和科学应用; ④ 不同地区的起步期空间计划。本书将讨论小卫星的这些重要用户和开发者。此外,本书也将论及小卫星发展领域的两大龙头实体/计划,即萨瑞空间中心和犹他州立大学。

第 3 章着手讨论小卫星设计、部署、轨道脱离能力的最新创意。本章指出了一些正在发展的技术,随着这些技术的发展,小卫星更加胜任于更加广泛的商业用途、科学用途、战略用途。本章特别关注了一些新的理念,例如,"搭载有效载荷"、整合后的小卫星项目、在小卫星寿命末期增加轨道脱离能力的低成本系统。

第 4 章概要介绍了空间活动所涉及的法律背景和监管背景,以及它们如何与所有形式的卫星部署发生关联,尤其是小卫星的部署。

第 5 章用更多细节解释了不同国家的准备工作,通过这些准备工作,获得卫星部署的许可、监管部门的批准、频率分配。这些准备工作，适用于小卫星的部署。

第 6 章介绍了轨道碎片，以及各国发射空间物体时肩负的相应责任和相应义务，这些责任与义务，有些是遵照国际法，有些是遵照本国法律。由于轨道碎片问题日益严重，这种关切的重要性也日益增长。随着越来越多的小卫星、微卫星、纳卫星甚至飞卫星被发射，凯斯勒综合症发生的时刻，可能要比此前预想的早得多。这种危险引发了人们担心，但也激发了更多关于监管措施和监管进程的想法和行动。本章试图强调指出哪些监管程序已经到位，强调指出那些正在致力于处理轨道碎片问题的工作，以及可能导致的义务。

第 7 章探索有潜力的新式解决方案和创意，可以让小卫星更具成本效益，更有效地达成自己的任务目的，或者能更好地避免空间碎片问题，以减轻任何可能导致的义务。因此，本章旨在探讨哪些可行的新式解决方案可能是合理的。这些在其他项目中提议的解决方案包括：① 整合有效载荷的诱因；② 在寿命末期的低成本轨道脱离系统；③ 为轨道脱离设定时间表的新法规；④ 使用 "绿色" 站保持燃料或重力梯度杆的法规；⑤ 修改完善空间物体责任规定，以及空间碎片的全新定义；⑥ 为体系化的全球空间交通管理做出的新安排。

第 8 章探讨 10 个必须知道或者必须考虑的问题，涉及小卫星的设计、发射、运营、最终处置、轨道脱离。

注释

[1] D. L. Oltrogge, and K. Leveque, An Evaluation of Cube-sat Orbital Decay, SSC11-VII-2, AIAA/Utah State University, Small Satellite Conference, August 2011.

[2] Giovanni Verlini, The Bright Future of Small Satellite Technology, Via Satellite, August 1, 2011.

[3] Leonard David, Small Satellites Finding Bigger Roles as Acceptance Grows, Space News, Aug. 29, 2011; 互联网链接: http://www.spacenews.com/article/small-satellites-finding-biggerroles-acceptance-grows.

[4] "Accumulation Is Past 'Tipping Point', NASA Urged to Clean it Up", 更多内容请参阅: http://planetsave.com/2011/09/06/report-space-junk-accumulation-is-past-tipping-point-nasa-urgedto-clean-it-up/#sBmzBtBGi chedSy1.99.

[5] "Ecuador ... Pegaso Spinning Like A Top ... (Satellite)", Satnews, May 29, 2013; 互联网链接: http://www.satnews.com/story.php?number= 529910663 Wang Ting, "With Ecuador's Only Satellite Hit by Russian Space Debris, Liability Should be Established," May 29, 2013; 互联网链接: http://www.huffingtonpost.com/wang-ting/with-ecuadors-only-satell_b_3356479.html.

[6] NASA, Orbital Debris: Quarterly News, April 2013, p. 1.

[7] JAXA 为国际空间站 (ISS) 的日本实验模块 (JEM) 增加了新的小卫星轨道部署器, Via Satellite, 2013. 01

第 2 章

小卫星系统和小卫星技术的发展

2.1 小卫星的演变

1957 年 10 月, Sputnik 卫星开启了空间时代, 获悉能够将人造卫星送入地球轨道, 整个人类社会都惊讶不已。小卫星的迷人世界从此开始了, 但那是在约 60 年前。在那之后不久, 苏联和美国开发的火箭, 其发射有效载荷的能力不是几十千克大小或几十瓦功率, 而是数千千克和数千瓦。几个因素加速推动了越来越庞大的民用航天器的发射, 它们拥有更高的功率(太阳能阵列)、大孔径高增益天线系统, 并且从某个时候开始建设能够容纳航天员和大型空间科学仪器 (如哈勃空间望远镜) 的太空住所。

正如第 1 章所述, 一定数量的规模经济和范围经济, 使得大型遥感卫星和大型通信卫星的成本效益比小型卫星更好。这包括在设计、建造、测试、验证以及发射时, 成比例降低的成本。以通信卫星为例, 小型多波束馈电系统可以使用一座大型抛物面反射器, 生成几十个甚至上百个点波束来支持密集的频率复用。由于这些电子器件很小, 决定卫星质量和尺寸的主要因素, 是通信卫星天线的孔径。

因此多年来，商业卫星的主流趋势是尺寸更大、能力更强、更加经济实惠。从发射成本的角度看，由于有效载荷使用美元/千克计算，更大的发射器也显得更实惠。这些效能进步的结果是，一块卫星通信电路在 1965 年首次采用时，成本是 64000 美元/月，暴跌到现在的大约 1 美元/月。

鉴于目前运载火箭运载能力的巨大增长，例如从 "大力神" 1 号到 "大力神" 5 号的增长，或者从 "阿丽亚娜" 1 号到 "阿丽亚娜" 5 号的增长，以及规模经济和范围经济的显著增长，有人可能匆匆给出结论说，不再有对小卫星的需求，甚至没有一个真正的小卫星市场。情况显然不是这样的。

比起以往任何时候，今天有更多的小卫星、微卫星、立方体卫星、纳卫星被发射上天。正如第 1 章所述，为何发射如此多的小卫星，有着众多原因。我们相信，为了解释在小卫星设计、建造、发射、运营中持续增长的兴趣，比较有用的方式之一是根据用户类别来细分市场。下面从军事应用开始介绍。

2.2　小型军事卫星和国防相关的小卫星

服务于军事应用的小卫星，实际上可以覆盖若干方面的需要。鉴于军事航天系统现在展示出的广泛用途，只有引证一些特殊的例子才能提供有用的理解，理解为什么对于一些特定的战略需要，小卫星可能是合适的甚至是最佳的。然而，首先应该指出，军方有许多不可间断的要求，依赖于尺寸相当大的卫星。例如，监视卫星及通信卫星，可能有一幢房子那么大。因此，军事卫星可能是超大尺寸、大尺寸、中尺寸、小尺寸、微尺寸的航天器，具体尺寸取决于特定的需求。下面对其多样的类型进行介绍。

2.2.1 快速部署小卫星，用于明确的、新近突然出现的战斗威胁或者其他迫切需求

就商业或民用的政府服务来讲，对于一些要求严格的事业，例如，通信、遥感、气象、导航、大地测量等，其需求已经恰当地确定下来，从现有卫星过渡到下一代能力或容量增强的卫星，可以很容易地计划和实施。就军事系统来讲，突然出现的敌对行动或者恐怖分子袭击导致的紧急状况，在发生时可能引起极少警报或者根本没有警报。通过拥有响应少许预警而发射的小型专用卫星，美国军方已经适应了这种需求。另外，美国军方还在卫星供应商中提倡卫星部件化 (即天线组件、电源、处理器、稳定系统、推进器)，可以响应短期通报，迅速地组装并发射。这些创意已经帮助其他国家，能够以快得多的交付时间表订购小卫星。

2.2.2 用于移动通信或者仪器间数据中继的星座

对于现代军事行动，通过语音、数据甚至图像，与位于网络 "边缘" 的一线士兵或者应急抢险行动人员进行通信的能力是至关重要的。目前，独立军事行动主要依靠铱星和全球星小卫星星座提供的移动通信服务。美国军方正在近地轨道上部署名为 MUOS 的小卫星星座，在全球基础上支持远程移动通信。有关下一代铱星小卫星网络的谈判也正在进行，目的是在该网络上安放能够支持特定军事服务的 "搭载有效效荷"。

2.2.3 从地面、海洋或者其他分布式传感器收集数据的小卫星

许多类型的军事服务需要宽频服务 (即电视或者视频会议等)，大型商业卫星或者大型国防卫星满足这些需求。然而还有其他一些用途，涉及从探测和监测海洋、雪或者其他气象要素的远程浮标或者地面传感器收集非常短促的突发数据。在 SENSE 计划中，美国空军正在部署和测试 2 颗 3

单元 (3U) 立方体卫星 (30 cm × 10 cm ×10 cm, 质量 4 kg), 以评估气象纳卫星是否能够提供来自世界各地的可靠的气象数据 (图 2.1)[1]。

图 2.1　波音公司为美国空军建造的 OR-3 纳卫星组件之一 (波音公司提供)

2.2.4　测试新技术或新服务的实验包交付系统

除了 OR-3 项目, 美国空军开展了空间测试计划 (STP), 旨在开发新技术来提升气象、侦察、遥感、通信等方面的空间能力。1999 年, 美国空军空间司令部设计并发射了先进研究和全球观测卫星 (ARGOS), 它正是这样一个测试计划。空间测试计划 (STP) 的早期阶段包括一些小型任务, 旨在测试一些较小的实验包。尽管对小卫星来讲, 这个包含多重实验的系统可能会被认为太大。

2.3　商业星座

卫星产业的发展展现在各个阶段。最初，在 20 世纪 50 年代后期，卫星被发射到近地轨道，这是因为，早期的有限几种火箭和发射系统勉强能够达到非常初级的轨道速度，而稳定系统几乎不存在。到了 20 世纪 60 年代初期，证实了卫星可以成功地发射到地球同步轨道，并且长时间地在那里运行。容量越来越大、天线增益更高、传感器能力更强的地球同步卫星得以部署。到了 20 世纪 80 年代，移动通信卫星的部署产生了利润点，但是在发展这些事业时出现了一些特殊的约束，包括需要地面用户拥有低增益收发器，以及希望传输延迟最小化。这些约束催生了使用大型小卫星星座覆盖全球的想法，而不是使用在地球同步轨道上的几颗卫星。在这一前提下，设计了铱星、全球星、Orbcomm 系统，而且全部设想为双重用途，兼顾商业、政府、国防通信需要。

今天，称为 MUOS 的美国移动通信国防网络也已部署。该网络用以支持美国海军的移动通信，但是，这是一颗大尺寸的地球同步轨道卫星。这种以拥有极高增益可展开天线为特点的设计，表现出对使用近地轨道小卫星星座支持国防通信的背离。在商用移动通信卫星产业领域，国际海事卫星组织采取了同样的策略，部署了高增益地球同步卫星 Inmarsat 4，还部署了极高增益地球同步卫星 Thuraya 系统，而不是使用小卫星星座。

类似的近地轨道星座，也可以用于支持气象、侦察和其他用途，但它们的首要用途是移动通信。构成商业星座的卫星，可以归属不同轨道的星座，有不同的质量。例如，铱星单星质量 680 kg，处在 780 km 的高极地轨道，是由 66 颗卫星加备用星组成的星座。全球星单星质量 550 kg，轨道高度 1400 km，轨道倾角达到 52°，是由 40 颗卫星加备用星组成的星座。Orbcomm 星座用于机器间消息传送，包括质量 42~115 kg 的多种卫星。最初该星座有 36 颗卫星，现在这一代星座有 18 颗卫星。

2.4 服务于教育事业和科学事业的小卫星

小卫星的主要应用, 也许是服务于教育项目和科学实验。对于学生们在小学阶段或中学阶段可能尝试的纳卫星实验, 情况就是这样。上述学生实验来源于一项有组织的竞赛, 由美国地球与空间科学教育国家中心 (NCESSE) 发起, 这些实验作为 NanoRacks LLC 产品的组成部分飞往国际空间站。另一方面, 世界领先的大学或空间机构, 设计了一些可能相当小但是复杂的实验卫星。总之, 这种类型卫星的复杂度、尺寸、质量的范围可能非常广阔。由 NCESSE 计划选送, 一位 12 岁的五年级学生设计了用于测量酵母辐射效应的纳米支架实验 (在国际空间站上飞行而不是在空间中自由飞行), 就是这样一个极端的例子[2]。另一个例子是新千年空间技术 5 项目 (参见图 2.2, New Millennium Space Technology 5 Project)。该项

图 2.2 NASA 的小卫星新千年计划, 用于测量地球磁层 (NASA 提供)

目包括 3 颗微卫星 (单颗质量 25 kg), 2006 年 3 月 22 日发射后, 一直在测量地球磁场[3] 。

对于那些提供确定的服务并且有着稳定市场的商业应用, 很明显, 通过卫星建造成本、发射成本、运营成本提供规模效益的大型卫星, 才更加适合。但是对于只需要一只小型传感器进入空间的学生项目、空间科学实验、科学项目, 小型航天器才更实际 —— 尤其是, 如果小卫星能够作为较大发射任务中极小的辅件进行发射。Nanorack LLC 实验作为国际空间站补给任务的组成部分实现飞行, 这种情况下, 发射成本有效地变为零, 因为 NASA 认为这是对科学技术、工程、数学计划 (STEM) 的首创精神的一部分支持措施 (译者注: STEM 是由美国政府大力推进的教育理念)。尽管如此, 一些基于大学的小卫星可以相当复杂 (参见图 2.3), 例如, 由犹他州立大学、萨瑞卫星技术有限公司、得克萨斯大学奥斯汀分校设计的小卫星。

图 2.3 得克萨斯大学建造的小卫星 Frastac-A (得克萨斯大学奥斯汀分校提供)

2.5　服务于业余无线电、应急、抢险救灾等社会事业的小卫星

在没有传统通信和其他服务的偏远落后地区,小卫星还有另一项重要用途,即可以支持突发事件服务、抢险救灾、医疗卫生服务。Livesat 运营着一个两颗卫星的近地轨道短消息传送服务,可以为医疗信息提供数据中继的应需服务。小型的机器间数据中继卫星,支持从业余无线电到应急、医疗服务等所有应用,列入了许多机构的可用资源清单,尤其是,如果志愿者们能够设计并且建造航天器,而且安排了低成本的发射。

自从第一颗业余无线电卫星 OSCAR 1 (携带业余无线电的在轨卫星)在几十年前发射入轨,已经有超过 70 颗这类卫星被送入近地轨道 (参见图 2.4)。这些小卫星由遍布世界的多个国家设计和建造,运行于无线电频率的调频频段,供全世界所有爱好者使用。

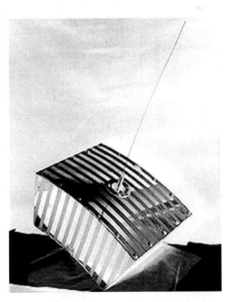

图 2.4　OSCAR 1, 发射到近地轨道中的 70 颗小卫星的第一个
(Amateur Satellite 提供)

2.6 许多国家刚刚起步的、稚嫩的空间项目

一些国家刚刚启动空间计划 —— 或者刚刚着手科学测量计划,这种科学测量的最佳途径就是航天器 —— 这些国家通常是从小卫星计划着手。在这种情况下,卫星可以适合各种用途,例如,通信、遥感、气象或者导航目的。作为另一种选择,小卫星可以适合各种类型的空间实验。这些小卫星有可能在大学或政府研究机构建造。在许多情况下,有可能与那些专门设计和生产最先进的小卫星的团体之一形成合作伙伴关系。在欧洲,这类机构中居于领先地位的,是萨瑞卫星技术有限公司。该公司是作为商业风险投资,于 1985 年从英国萨瑞大学拆分的公司,实际上,该公司的多数股权现在由欧洲航空业巨头铱星公司掌握。萨瑞大学空间中心继续从学术角度深入研究小卫星技术。

以韩国为例,在开始设计和建造卫星时,KAIST (韩国科学和技术高级研究所) 与萨瑞卫星技术有限公司以及萨瑞大学空间中心形成了合作关系 —— 基于高效的萨瑞小卫星平台,设计遥感卫星、通信卫星、实验卫星。迄今为止,萨瑞卫星技术有限公司的科学家和工程师们,参与了超过 40 次小卫星任务,涉及地球观测、成像、空间态势感知、导航、通信、气象、军事技术展示、技术验证与展示以及科学实验。2003 年,萨瑞卫星技术有限公司用微卫星构成了国际灾害监测星座 (DMC)。这些项目的合作事宜,涉及阿尔及利亚、智利空军、中国、欧洲航天局 (ESA)、法国、韩国、马来西亚、尼日利亚、葡萄牙、泰国、土耳其、哈萨克斯坦,甚至美国空军[4]。此外,萨瑞卫星技术有限公司正在与德国合作伙伴 OHB 一起建造欧洲伽利略导航星座中的 22 颗卫星。另一个重要的小卫星中心是在犹他州立大学,这所大学拥有设计和建造小卫星的经验和能力。得克萨斯大学奥斯汀分校、科罗拉多大学,以及世界各地的其他大学中,还有其他一些小卫星研发中心正在日渐成形。

正在启动空间计划的那些国家, 以及那些设计和建造航天器而且也在发射卫星的国家, 有着广泛的选择余地。现在有了越来越广的选择范围, 包括专用的运载火箭、大规模发射行动中的附加载荷, 甚至从国际空间站或其他大型系统推送入轨。最后, 还可以成为另一个航天器项目的 "搭载有效载荷", 在大多数情况下, 在近地轨道卫星上搭载一个星座就是这样的情形。

注释 .

[1] 波音公司 [NYSE: BA] 已经向美国空军提交了两颗空间环境纳星实验 (SENSE) 卫星, Satnews Daily December 21, 2012; 互联网链接: http://www.satnews.com/cgi-bin/story.cgi?number=789943063.

[2] National Center for Earth and Space Science Education, Student Spaceflight Experiments Program; 互联网链接: http://ssep.ncesse.org/.

[3] NASA New Millennium Program, the Space Technology 5 project; 互联网链接: http://www.nasa.gov/mission_pages/st-5/main/index.html.

[4] 萨瑞空间中心及萨瑞空间科技有限公司历次任务, 互联网链接: www.sstl.co.uk/Missions/SSTL-Missions.

第 3 章

小卫星技术

在设计和建造时，小卫星可以划分为两个主要部分：卫星平台和有效载荷。在太空中，卫星平台允许航天器具备一些基本功能，而有效载荷是特地设计用于执行飞行任务的硬件，这些飞行任务包括通信、导航、地球观测、气象观测、监视或态势感知，或者一些其他形式的与空间相关的实验，或者新技术的在轨测试。卫星平台必须能够提供飞行任务所需要的电源、热环境、定向、稳定，还有测控功能 (遥测、跟踪和指令，TT&C)。TT&C 系统必须有指定的频率，支持星上系统与地基跟踪与指令信号的链接，支持从卫星到地面的数据中继，从而证实卫星运行正常。

"卫星平台"可能相当的小、简单、粗糙，这种情况下，它只能提供电源和很少的功能，也许还有一些无线链路，从而支持指令和数据中继。它也可能是相当复杂的，即使是在一颗小卫星上面。有些卫星平台甚至为小卫星提供蓄电池和太阳能发电、用于热控制的热管、一套跟踪/遥测/指令和监控系统，还要加上一套传感器、照相机、天线 (它们构成了卫星的有效载荷) 的稳定系统和定向系统。还有一些机构能够提供卫星平台支持一定数量的小卫星研究，例如，萨瑞卫星技术有限公司、轨道科学公司、Sierra Nevada 公司，以及一些学术研究机构，例如犹他州立大学、科罗拉多大学博尔德分校、得克萨斯大学奥斯汀分校等。这些研究机构的研究工作, 首先从简单的纳卫星或立方体卫星起步, 逐渐发展到重达数百千克的小卫星。

小卫星的有效载荷, 理所当然地界定了它的本质和任务。小卫星的使命, 通常是通过一台仪器履行的, 可能是传感器, 也可能是天线系统。尤其立方体卫星就是这种情况, 其典型尺寸是 10 cm × 10 cm ×10 cm, 质量约 1 kg (参见图 3.1)。

图 3.1　典型的立方体卫星 (NASA 提供)

基础型立方体卫星, 大多数情况下, 是作为学生的学习实验而设计建造的, 它的概念非常简单。它在外壳上有太阳能电池, 通常由锂离子蓄电池供应电能、一个简单的天线用于跟踪和遥测, 它通常有几枚微处理器、传感器或者用于开展简单实验的设备。最小尺寸的基础型立方体卫星, 其大小或质量无法支持任何稳定系统或者定向系统, 因此无法接受指令。有些设计工作, 争取在尺寸大一些的 3U(三单元尺寸) 立方体卫星上安装太阳能阵列吊杆和低功耗动量轮, 从而提供一定程度的稳定能力和定向能力。

立方体卫星一旦被释放进入空间, 最终轨道是由它的释放情况决定的。因此, 不管立方体卫星在空间中的朝向是怎样的, 必须设计一个极低增益的"全向天线",向下发送遥测数据和跟踪数据。有效载荷可能是一只抓拍照片的相机,或者一只小型盖革计数器、红外传感器,或者其他类型的设备,用于收集有关辐射、热模式等现象的数据。立方体卫星本质上是一个教学设备,帮助航空航天专业的学生们学习一些基本的工程概念和技能,以实现建造一颗将在空间中飞行的卫星的"快感"。

使用立方体卫星开展基础教学训练,这个想法比仅仅典型的配置立方体卫星更开阔。可以在网络上订购"自己动手式"的基础型卫星套装,包括电子部件、计算机处理器、高密度数据存储器、电源系统。这些用于学生学习的最基础型卫星,可能与立方体卫星的典型配置不一样,尺寸和/或质量可能大一些或小一些。这样一个典型套装,可以期待包括以下一些类型的部件,可以装入"自己动手式"立方体卫星。此外,这种套装通常包括一定数量的可行的实验或者应用,可以在这样一个立方体卫星的 0.5 单元尺寸、1.0 单元尺寸、1.5 单元尺寸、2.0 单元尺寸甚至 3.0 单元尺寸时得以实现 (见表 3.1)。

表 3.1   立方体卫星现货套装中可能包含的配件

立方体卫星的现货套装
(1) 完整成品,可直接发射的立方体卫星结构 (0.5 单元尺寸、1.0 单元尺寸、1.5 单元尺寸、2.0 或 3.0 单元尺寸),具有强度高、质量小、内部容积大的特点。
(2) 用于实验室开发和测试的带插座可拔插处理器模块以及主板,以及用于实际飞行模型的可插拔处理器模块 (PPM)。
(3) 基于用户选择的 PPM,低功耗、高性能的电子部件,装备如下: • 16 位或 32 位超低功耗微控制器; • 8 位或更高性能的混合信号微程序控制器; • 16 位高性能微控制器; • 16 位数字信号控制器。
(4) 支持特定处理器的多任务软件和相关软件库。
(5) 支持插入式调制解调器/收发器,支持内置 USB 2.0。
(6) 用于编程和调试的 USB 调试工具/闪存仿真工具 (FET)。
(7) 电源 (太阳能电池和锂蓄电池)、编程适配器、电缆、工具。

3.1 更加精密、受任务驱动的小卫星的相关技术

一本以《小卫星的未来》[1] 为题的出版物颇有见地，该书提供了小卫星能力的评估基础，据此可以获得安全运行所需要的性能指标。基于尺寸，量化地估计可以获得的性能[2]，该书做出了重要贡献。

不仅仅是立方体卫星和纳卫星能够让学生了解航天器设计、开展简单的实验，或者在低重力环境中测试新材料和生物制剂，小卫星的世界还有多得多的内涵。此外，可以设计很多大一些或者复杂一些的小卫星，用于真实的空间任务。

目前，那些与更精密小卫星相关联的技术，持续地快速发展。按照以下类别，相关技术可以清楚地加以调查和讨论：电源系统、热控、地面监视和通信性能指标、稳定系统和定向系统、跟踪/遥测和控制、机动性等。

3.1.1 小卫星的电源系统

在许多方面，小卫星的电源系统类似于那些安装在大卫星上的电源系统。对于电源系统，小卫星有很多选择，这需要在成本更低、性能更低的系统与成本更高、性能更高的系统之间进行权衡。这些选项包括非晶硅太阳能电池和结构化的硅太阳能电池，甚至成本更高的多结砷化镓电池，后者能够在高能量的紫外线区域捕获能量。将来，量子点技术很有前途。这些量子点太阳能电池将太阳能转换成航天器使用的电能，转换效率或许能够达到 70%。这种技术涉及创造更有效的曝光表面和更多的光伏节点，从而在整个频谱捕获更多的太阳能。因此，量子点太阳能电池产生的电能，将会来自太阳辐射最强的紫外线区域至可见光谱。大约还有 5~8 年，这种技术才能以可以接受的成本水平进行商业制造 (参见图 3.2)。

还有效率更高的太阳能阵列和质量更轻的系统，例如薄膜阵列系统可以滚动展开，而不是部署为刚性结构。当然，在最紧凑和小型化的小卫星

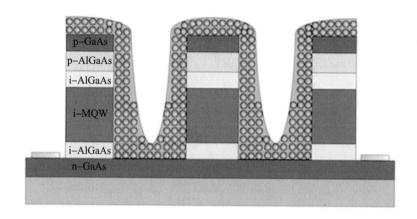

图 3.2　多结量子点太阳能电池 "凹凸" 的特写, 能以更高效率产生电压更高的电能

上, 受限于卫星的体量, 不能部署太阳能阵列。这样, 小卫星发电有限, 只有约 40% 的表面能够接收太阳辐射, 而其余表面实际上处于暗影之中。部署在三轴稳定航天器上的太阳能阵列, 具有跟踪太阳最大照度的优点。但是这样的稳定系统以及稳定推力器和定向推力器所需要的燃料, 增加了卫星的质量。

　　另一种可用技术是太阳能集热器, 用于集中太阳光能量, 使得太阳能阵列相当于 "看到" 的太阳不止一个。这方面的相关研究, 仍在寻找质量足够轻的反射材料, 确保这种太阳能集热器更加划算。目前, 多数小卫星使用成本较低的硅太阳能电池, 没有使用太阳能集热器。

　　在小卫星的这个方面, 还没有成体系的方法。移动通信卫星星座等商业任务, 通常会部署成熟的太阳能阵列, 使用高性能的砷化镓太阳能电池。这同样适用于由政府空间机构设计的复杂的小卫星系统。相反, 小尺寸的实验型卫星或学生卫星, 更可能使用成本低得多的非晶硅太阳能电池。

　　每单位体积的面积最大的形状是球形, 并且与物体尺寸的增加成反比。因此, 太阳能供电的小卫星比大卫星的功率 – 质量比率更高一些。然而, 能够得到的电能仍然相当少。对于部署在典型近地轨道上的纳卫星, 机身安装的太阳能电池发电功率不超过 10 W —— 包含了暗影期间。如果使用可扩展面板，电能输出可能翻倍。但是，可扩展面板增加了质量，复杂程度和失效模式也增加了。现行的标准和政治约束，杜绝了在地球轨道上部署核能源。特别是近地轨道的情况，因为，通常的经费预算无论如何不允许在小卫星上使用放射性同位素。

还有位于暗影中的一段时间，小卫星没有受到太阳照射时的能量储存问题。一方面，考虑容许的充电速率和放电速率，纳卫星能够承受 1 W 连续功率的时间只有几个月，承受 10 W 连续功率的时间只有几天。另一方面，在小卫星的一些设计实例中，对新的空间系统或空间材料进行特定的实验或者测试时，不要求连续操作，可以采用质量较轻而且更加紧凑的蓄电池。因此，这样的蓄电池存储系统将被设计为仅仅提供足够的电能储量，用于支持 TT&C 数据中继而非有效载荷在暗影期间的操作。锂离子电池有着相对稠密的存储容量，它在笔记本电脑、智能手机等真正高体量的市场得到广泛应用，现在，锂离子蓄电池的成本已经降低，适合小卫星使用。

最先进的实验室为大型、复杂航天器开展的技术研究与技术开发，经常能够有效地迁移到较小规模的项目上 (参见图 3.3)。小卫星项目密切监测着高度复杂项目所开展的研究，以检视研究结果是否可以有效地应用于小卫星项目。如果检视一个大尺寸、大规模卫星的基本结构，显而易见的是，导致卫星大尺寸、大质量的最显著元素，通常是电源和天线系统。第一颗发射入轨的卫星，其发电能力只有几瓦。而目前大量的通信卫星，其发电功率达到 12~18 kW，国际空间站的太阳能阵列发电功率达到数百千瓦。最大的当代商业卫星，其高增益天线可以达到直径 22 m，质量数百千克。这些事实呈现出了卫星尺寸和质量的另一个推动因素。事实上，电源和电源系统真的是驱使通信航天器变得更大的主要推动因素。与此相反，电子产品和光学处理器的进步，不断削减现代航天器的尺寸和质量。

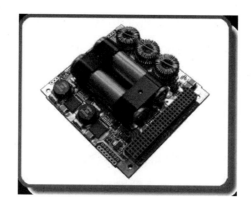

图 3.3 纳卫星的供电与电能储存模块 (摘自《ISIS 立方体卫星解决方案》)

3.1.2 热控

小卫星需要合理水平的热控, 确保与有效负载有关的电子系统、传感器、设备不会过热或过冷。因为小卫星相当紧凑, 热量控制的途径往往是基于无源系统的运用, 例如, 用金箔反射太阳辐射以避免卫星过热、用充足的吸收材料以防止卫星过冷。图 2.2 所示的 FASTRAC 小卫星图片中, 展示了反射金箔, 用于实现太阳光热反射和热吸收之间期望的平衡。在小卫星的外表面使用反射材料, 不再为航天器内部非常敏感的电子器件提供充分的热量调控, 这种设计是可能的。小卫星质量接近 1000 kg 的情况下, 可能需要使用热管, 将来自卫星内部的热量散掉。

小型环路热管 (mini-LHP), 是一种有效的解决方案。这种装置没有传统热控措施的许多限制, 可以提供有效的热传递功能。传统的热带技术和热分流技术、传统的热管、机械式泵送循环等, 通常不是为小卫星应用而设计的。如果这样的技术在小卫星上使用, 它们会严重地增加质量负担, 超出任务的质量预算。这种大规模的系统也会使系统集成变得复杂, 为发射前测试尤其是系统级测试制造多种困难和并发症。Swales Aerospace 公司研发了一种微型多重蒸发多重冷凝循环热管, 该热管大小可调, 实际上, 这对于小卫星应用得到了精心优化[3]。

NASA 的"新千年计划空间技术 8",已经研发了一种微型循环热管 (MLHP)。这种完全小型化的系统,其质量刚刚超过 300 g,约 1/3 磅。欧洲航天局、日本宇宙航空研究开发机构 (JAXA),以及其他空间计划,也投入资源,开发有小型冷凝器的微型环路热管系统[4]。由于这种热控系统所执行的功能对于任务中有效载荷的操作和航天器总线电子电路至关重要,所以,小型化目标绝不能忽视获得高水平可靠性的需求。

3.1.3　地面监视性能指标和通信性能指标

物理定律表明,用于成像或遥感的孔径,其大小显著地限制了卫星捕获的电磁能量总量。小卫星所能得到的图像分辨率,取决于孔径大小,而且很清楚,在小卫星情况下,天线尺寸不会很大。大孔径分辨率,可以使用多个小天线上的多个相位匹配的小孔径进行模拟,这些小天线相互靠近,以固定模式飞行。这种情况下仍然会有一些问题,在场景的空间频率容量和可捕获能量方面会有损失 (即每个孔径可获取的信号 – 噪声增益)。总之,对于单颗纳卫星甚至一个互相靠近飞行的星座,可获得的遥感数据数量和分辨率,有着很严格的限制。

通信天线具有差不多的限制。天线增益与有效的各向同性辐射功率之间的权衡是至关重要的。使用标称 10 W 的连续功率水平进行估计,在近地轨道上的纳卫星可以支持约 1 MB/s 的传输速率,而从地球同步轨道只有每秒几千字节。

3.1.4　稳定系统和定向系统

小卫星运行的这两个方面不是独立的,它们提出不同的技术需求。与小卫星相比,大卫星惯量很大,需要更强的力矩启动运动并保持加速。在动态地重新定向视轴时,将扭矩应用到系统参与路线中质量最小的那些元素,可以缓解这个问题。定向组件可以利用稳定平台的优势,该稳定平台的稳定性是由平台的质量和惯量保证的。小卫星不享有这种优势,其定向与稳定是非常紧密地耦合的。因为不能允许卫星翻滚,稳定是最重要的因素。低惯量允许很高的角加速度,而角加速度必须受到阻尼[5]。

对小卫星实现充分控制,始终是一个挑战。那些主动技术,消耗推进剂形式的能量或者电磁形式的能量,并安装有致动器,例如动量存储设备。这样的技术可以实现非常精确的毫弧量级稳定视轴[6]。然而,对于任务导向的纳卫星,主动技术可能要求太高了。被动的方法包括被动磁稳定、空气动力学稳定、重力梯度稳定。被动技术可以实现稳定,但是精度较低。当然,大卫星可以表现得更好,因为它们有能力携带更复杂的定向系统和稳定系统。

在任务能力和卫星设计方面,立方体卫星或者纳卫星,与本领更强的小卫星之间最重要的区别,与稳定系统与定向系统有关。典型的立方体卫星一旦被释放,就不能被控制而且不能保持在它的释放轨道上,重力效应使它不断下降,直到在大气层中燃烧。最近,出现了一些起到改进作用的研究工作,这些研究工作,努力为三单元尺寸 (3U) 版本的立方体卫星增加太阳能阵列功能,该太阳能阵列可以起到重力梯度杆的作用,并且努力设计超低功率的动量轮,能够实现一定程度的稳定与定向性能[7]。

当然,比立方体卫星高级一些的小卫星,通常会有一些在轨定向手段,因而能够对其自身定向发挥一定程度的控制作用。这种能力可以远不止重力梯度杆 (可能不止一个),可能存储了燃料并且装备了推进器系统,不仅辅助其在轨运行,而且在其寿命终结时主动地离轨机动。

最简单的稳定手段,也许就是大家都知道的重力梯度杆系统,地球重力效应作用在展开的杆上,将卫星通常 "指向" 下方的地面。在卫星技术的发展过程中,这种方法应用得相当早。NASA 的应用实验卫星 (ATS) 系列,尤其是 ATS 2、ATS 4、ATS 5 使用了这种稳定技术。中高轨道卫星

ATS 2 于 1967 年 4 月 6 日发射, 并保持在轨 2 年。ATS 4 和 ATS 5 也采用同样技术, 从自旋航天器上延伸吊杆, 从而实现稳定。有许多复杂的小卫星任务, 不要求精确的定向, 可以使用而且的确使用重力梯度稳定。如图 3.4 所示的 Orbview 1 卫星 (曾经称为 Matlab 1), 在 2 年的时间里进行了 NASA 闪电检测仪传感器的在轨测试, 这是为 NOAA (美国国家海洋与大气局) 最新式卫星设计这种传感器的前奏。

图 3.4   Orbview 1 小卫星上展开的重力梯度杆 (NASA 提供)

重力梯度稳定的使用, 对小卫星意义重大, 因为硬件很少而且不需要燃料, 易于构建和测试。由于这些原因, 重力梯度稳定的成本较低 —— 尽管它比主动式姿态控制系统的精度低一些。

图 3.4 所示的重力梯度稳定, 是用于卫星的唯一的被动式姿态控制方法。这种稳定方法依赖于卫星质量分布的高度不对称。卫星轨道升高时, 重力引力有所变化。例如, 地球同步轨道上的引力, 比地球表面小 50 倍。当卫星配备有长长的吊杆, 导致重力引力变化 (译者注: 在卫星需要调姿时)。由于卫星主轴不再与轨道参考坐标系对齐, 扭矩产生了, 倾向于将卫星最小惯性轴与地球引力场的大地方向调整对齐。然而, 卫星围绕整体中

心的惯性矩的这种相对值, 不仅将航天器指向地球, 还将建立一个轻微的振荡。因此, 小卫星上必须安装阻尼器以削弱这种振荡。

从最小尺寸的卫星到重达数百千克的卫星, 大多数飞行任务将过渡到使用如图 3.5 所示的主动稳定控制方法的其中一种。用于实现主动式稳定控制的实际方法取决于很多因素, 例如, 特定飞行任务所要求的定位精度、整体质量预算、卫星在轨预期寿命里期望的平均无故障时间, 以及其他因素。目前, 自旋稳定不常使用, 因为三轴体姿稳定提供更高的定向精度, 并且允许太阳能阵列始终朝向太阳, 给予 100% 的光照, 相比之下, 自旋稳定的航天器通常只有 40% 的光照。

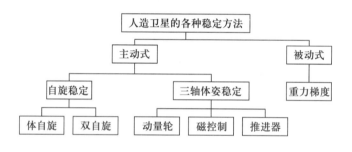

图 3.5　航天器稳定技术分解表

对于相对大一些的小卫星, 动量轮可能是最常见的选择。这是因为比起燃料, 电能有着经过验证的可靠性和可信度, 以及动量轮对于航天器尺寸的可量测性。惯量、动量、动量轮, 基于与孩童玩具陀螺相同的原理。一个轮子或不同平面中多个轮子的自转, 可用于保持卫星在单个方向上的指向。大型航天器的动量轮, 可以以非常高的速度旋转, 高达 5000r/min, 但小型航天器的动量轮较小, 很可能以较低速度自转, 并且需要少得多的电力用来维持速率。

另一个问题是, 如果没有明确的上或者下, 卫星如何在太空中知道指向哪里? 在这里同样可以有多种选择。一种选择, 涉及使用简单的地球敏感器、太阳敏感器、星敏感器, 帮助卫星将自己正确地定向。现在还有射频信标, 允许卫星更精确地定向, 精度达到 0.05°。当卫星用于天文和无线通信时, 点波束必须以极高精度瞄准, 如此高水平的定向精度是很重要的。对于这样的飞行任务, 三轴体姿稳定航天器, 真的是目前适用的唯一可行选择。

3.1.5 跟踪、遥测、指令、监控

小卫星设计的另外一个关键因素, 是它的跟踪、遥测和指令系统 (TT&C)。想要操作小卫星并且从它获取有用数据, 至少有两件事情必须做到: ① 必须获取精确的测距数据, 从而能够由卫星距离知道它在轨道的哪个位置, 并且以合理的精确度跟踪它的轨道; ② 必须在合适的无线频段里有一个传输路径, 从而经由适当的下行链路, 从卫星有效载荷那里获取数据, 以及向卫星发送指令和信号, 使它可以启动实验、自我定位、切换备用单元, 或者执行必要的功能。实现这些跟踪、遥测、指令功能的无线频段, 独立且区别于那些无线通信卫星、导航卫星、雷达遥感卫星使用的频段。那些飞行任务, 都将拥有特定的无线频段, 分配给它们的各项功能。

用于支持 TT&C 功能的天线很小, 一般是圆锥形低增益系统。可以使用低增益天线, 因为所涉及的数据传输速率不必很高。但是更重要的, 要有能够从几乎任何角度接收信号的天线, 以防哪里出错导致卫星进入翻滚运动或者水平螺旋。"全方位" 天线可能具有低增益, 但是它将从几乎任何角度拾取信号。

3.2 保护小卫星有效载荷的新技术

小卫星面临的挑战, 是在这样一个平台提供的低功率、小质量、小尺寸预算下, 发射一个有意义的有效载荷、执行有用的任务。幸运的是, 随着时间推移, 电子器件和处理器已经在质量和尺寸上持续缩减, 大规模集成

电路和专用集成电路 (ASIC) 已经允许科学家和工程师们能够少花钱多办事。在近地轨道上组网工作的卫星星座, 也使得许多实用的小卫星应用得以发展进步。

3.2.1　增益更高的天线

重大挑战中的一项, 是在小卫星上装设增益更高的天线, 尤其是伴随着相控阵天线的出现。相控阵天线、相控阵天线系统, 或者相控阵天线馈电系统, 可以在小卫星星座的有效载荷设计中采用。这项技术可以形成电子点波束, 从而推出效率更高的无线通信卫星。这种设计的一个例子是铱星系统 (参见图 3.6)。其有效载荷的设计, 采用了三个相控阵天线面板, 允许相对较小的铱星对下方大地生成 48 个点波束模式。铱星的 106 个辐射元件, 允许三个天线面板每一个都可生成 16 个波束, 总计 48 个波束。由于面板是平坦的, 而且不必部署成抛物线形状 (因为波束已经完成了电子

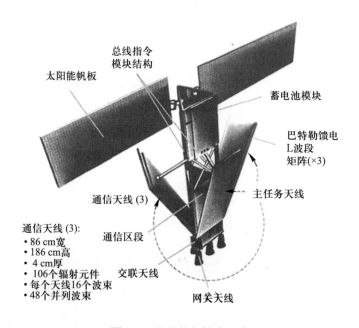

图 3.6　铱星的相控阵天线

模拟), 因此卫星会紧凑得多。

在小得多的规模上, 萨瑞卫星技术有限公司和萨瑞空间中心合作, 将智能手机卫星 STRaND 1 送入太空 (参见图 3.7)。这颗卫星部署在一个 3U 立方体卫星平台里面, 整个 "卫星" 的质量只有 3.5 kg, 并且已经被世界各地的业余无线电操作人员追踪。实际上, 从平台到有效载荷, 到处都在推进小型化革新。[8]

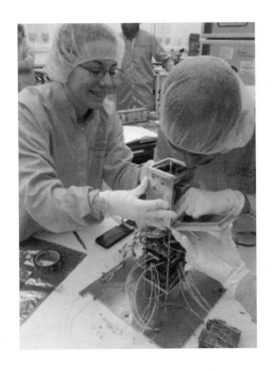

图 3.7　STRaND 1 智能手机卫星, 由萨瑞卫星技术有限公司设计

在这一实例中, 廉价的智能手机电子电路用于控制卫星。STRaND 1 只用了六个月建造完成, 用作萨瑞卫星技术有限公司和萨瑞空间中心之间的训练项目, 它携带一台业余无线电 AC.25 无线分组下行链路器, 运行频率 437.568 MHz。它能够以 9.6 kB/s 的比特率从其微型天线发射信号, 使用频移键控调制和特殊的 NRZ1 编码, 使数据吞吐量达到最大。关于如何

接收和解码该下行链路遥测信息, 可以在 AMSAT-UK 网站上查阅。此处, 调适 3U 立方体卫星上有效载荷飞行任务的关键是微电子和编码技术, 而不是创新的天线设计。

小卫星上的各种有效载荷, 很可能用到某种类型的传感器。在这一领域, 微电子、专用集成电路、微型相机、光传感器和能量传感器、摄谱仪等, 能够允许在较小的卫星平台上安置一个紧凑的有效载荷, 而在 10 年前还只是有这种可能。此外, 许多这类有效载荷, 比 10 年前它们需要的功率更少。用于遥感、气象或地球观测的被动传感系统一般是这种情况, 但是有一个重要的例外。即主动传感系统, 也就是雷达卫星, 必须生成下行波束功率, 仍然需要一个主电源。就这一点而言, 这种类型的 "主动传感" 设备需要主电源, 因而同时需要大型航天器。如前所述, 经过改进的多结太阳能电池、量子点技术、低质量太阳能聚光器以及更密集的改进型蓄能电池, 例如锂离子系统, 当然有助于降低生成电能和存储电能的质量比率。然而, 这些削减质量需求和削减尺寸需求的改进只能发展到此。总是有很多方面的折中考虑。能源系统可能被设计成生成比方说再多 25% 的功率, 并用同样数量的质量和体积进行存储, 但是如果采用更昂贵技术, 即使将发射成本的缩减考虑在内, 这么做的成本也不能实现显著的整体收益。

3.2.2 推动 "小卫星" 飞行任务合并和飞行实验整合的技术进步

一般情况下, 大型运载器比小火箭效能更高。同样, 大卫星比小卫星效能更高。如果有一套遥测系统支持 12 项飞行任务, 而不是 12 套遥测系统支持 12 颗不同的小卫星, 显然前者的效能更高。构成卫星 "平台" 的那些部件 (不管是太阳能阵列、蓄电池、稳定推进器、热控系统、朝向/定向/追踪/遥测/控制传感器) 的整合, 几乎总是会产生效能收益。这也可以转化为较低的在轨卫星维护劳动力成本。因此, 通过整合一定数量被设计用于特定空间任务的小型有效载荷, 可以获得显著的效能红利。尽管进行了这种整合, 独立的小型空间飞行任务, 仍然能保留自己的独特身份。NanoRacks 提供了这样的一种途径, 该公司在其网站上[9] 列出了 "航天第一" 如下:

(1) 在空间站上拥有自有硬件, 并将自有硬件市场化的第一家公司。

(2) 协调将卫星从国际空间站进行部署的第一家公司。

(3) 拥有和运营国际空间站外部平台的第一家公司。

(4) 第一项自费的高中空间项目。

(5) 在太空中第一次电镀。

(6) 微重力研究的第一次松烯实验。

(7) 第一个没有 NASA 经费的国家级 STEM 计划。

(8) 第一颗越南近地轨道卫星 (河内 FPT 大学)。

(9) 国际空间站上的第一项以色列计划 (Fisher 计划)。

(10) 国际空间站上的第一项沙特计划 (KACST)。

(11) SpaceX 上的第一个商用有效载荷 (多次)。

(12) 将用户产品放在国际空间站相关的所有运载器上的第一家公司, 包括航天飞机、"联盟" 号宇宙飞船、"进步" 号宇宙飞船、欧洲航天局自动转移飞行器 ATV、日本 HTV、美国 SpaceX 飞行器。

目前, NanoRacks 公司在其网站上大肆宣传以下服务: ① 内部有效载荷, 允许一系列的空间实验作为 "纳任务" 飞往国际空间站; ② 从国际空间站部署卫星, 部署范围是是从立方体卫星到较大的小卫星; ③ 国际空间站外部平台的使用权, 在恶劣的空间环境中开展空间实验和空间测试, 或者开展深空观测; ④ 从亚轨道到深空范围的航天器部署机会。[10]

通过充当整合商, NanoRacks 允许大量的空间测试和空间实验在一致的基础上发生。尽管 NanoRacks 也参与通过其他手段从国际空间站部署独立的立方体卫星和小型卫星的业务, 但主要目的还是作为整合商, 减少独立航天飞行任务的次数。

在这个领域里, NanoRacks 并不 "孤独"。Bigelow 宇航公司为私人公司和政府机构提供商业机会, 可以在其私有的太空栖息地上开展实验任务, 时间范围从几个星期到数月。此外还有美国 JP 航天, 计划创建一座轻于空气的 "黑暗天空空间站", 能够在地球上空几十千米高度开展空间实验。其他组织如 IOS 系统, 透露了一些商业化的载人航天或空间实验计划, 而且那些计划为乘客提供亚轨道飞行的大部分商业企业, 也同样可以接纳空间实验。所有这些各式各样的努力, 有一个优点, 就是这些空间实验将飞向太空然后返回地面, 却没有产生新的空间碎片。

还有其他方案可供选择, 这些方案采取完全不同的策略, 提供空间任务的整合, 并且减少空间碎片。有一种这样的方案已经变得颇受欢迎, 因为它可以减少设计成本、测试成本、建造成本、部署成本、运营成本, 那就是 "分享有效载荷" 或 "搭载有效载荷" 的概念。2011 年成立的搭载有效载荷联盟 (HPA), 致力于建立一种私人公司和政府之间更有效的沟通机制, 以便讨论可能的任务分享, 更开明地解释有效载荷共享的好处。

今天, 大型空间服务公司, 例如国际通信卫星组织、国际海事卫星组织、SES、铱星公司的工作人员, 在某些时候, 整个办公室都在专注地开发搭载有效载荷的商业方案[11]。最初, 这一概念只涉及一种类型的实验, 例如搭载在一颗国际卫星组织卫星上的思科公司 (CISCO) 实验性空间互联网路由器 (IRIS) 有效载荷。

那些最近正在研发的项目, 涉及数量庞大的有效载荷, 这些有效载荷按星座飞行, 如下一代铱星手机卫星 (即 Iridium Next 项目)。事实上, 类似的一项重要搭载有效载荷项目已经签订了合同。铱星公司与 NAV Canada[12] 已经组成了一家合资企业, 该企业配备下一代 50 kg 包装的手机卫星 (功率约 50 W, 峰值功率高达 200 W), 用于实现航空器追踪功能。

这家称为 Aireon 的合资企业, 所从事的研发工作, 是铱星全球移动通信卫星网络的替代星座的一部分。这个 Aireon 系统将 "乘坐" 在这个新一

代铱星 66 全球航班追踪系统之上。Aireon 服务的既定目标是, 使用空间
适用的广播式自动相关监视 (ADS-B) 接收器, 提供前所未有的能力, 能够
真正在全球范围追踪航空器。该接收器通常运行在 100 kB/s, 但是需要的
话, 能够支持 1 Mb/s 的数据速度。有史以来第一次, 这家合资企业将为空
中导航服务提供商 (ANSPs) 提供一种能力, 能够近实时地不间断跟踪世
界任何地方的飞机, 包括海洋、极地以及偏远地区。[13]

　　所有那些有创意的尝试, 包括使得包装更加高效的努力、寻求将 "小
卫星" 飞行任务付诸运行, 飞上去然后飞下来却不会产生空间碎片的努力,
都受到欢迎。事实证明, 在大多数情况下, 那些经过整合的空间计划, 引起
设计、测试、建造、发射、持续运营方面的成本节减, 有助于建立恰当的激
励机制, 进一步推动这些整合的空间活动和高效包装的空间活动。

3.2.3　可观测性

　　如果在轨对象不能操控, 在任何时间点知道它在哪里或者可能在哪里,
是至关重要的。第一项考虑是, 对象必须是可辨别的, 无论是被动地凭借
其自身的辐射功效、背景辐射的反射功效, 还是通过主动地照射。该物体
运动状态被确定或者未来状态被估计的程度, 取决于观测机会的分布, 以
及在每个观测周期中能够实现的观测密度。

　　可观测性, 应该是在设计航天器和选择轨道时, 重点考虑的问题之一。
作为一个例子, 考虑一颗单独的小卫星, 这颗卫星有着充足的最大化光学
观测机会。假设任务需求允许任何合理的高度或倾角。对于一套小型陆基
传感器, 设计阶段的主要任务, 就是找到累积观测时间最多的轨道。

　　在设计阶段, 考虑到运行安全, 通常需要在飞行任务的能力方面做些
妥协。对于随着时间推移能够看到大部分地球的单颗卫星, 倾角和远地点
应该尽可能合理地高 —— 已经考虑了地面观测站的位置。例如, 如果希
望监视天气能量平衡, 对于特定的传感器, 将只会有短暂的机会为轨道估

计收集数据。图 3.8 中的粗线, 标示了那些对于地面观测点可见的卫星位置。

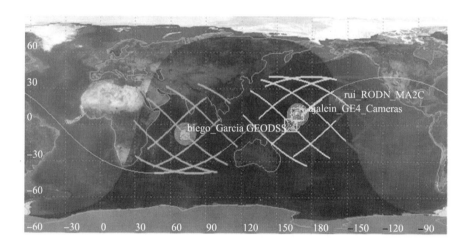

图 3.8　从指定位置观察时, 可观测性被设计为最大的小卫星轨道

3.2.4　通信和可控性

小部分卫星有意地没有装设通信能力。这些卫星, 例如, 弹道系数精确已知的小卫星, 其表面已经恰当地进行琢面并且抛光, 确保在主动照射或被动照射时能够强烈地反射光线。它们大多用于校准空间监视传感器, 或者描绘大气动力学特性, 这是因为, 大气阻力将主导它们的轨迹变化, 并且这些变化可以归因于大气密度变化。

所有其他小卫星, 即使不响应来自地面的指令, 也至少必须装备下行数据链路 (图 3.9)。这些通信链路至少允许测距, 或者有足够的角分辨率用于合理的轨道确定。然而, 这种性质的观测都聚集在极短的弧段内, 并且经常由角分辨率很低的小型天线实施。收集和处理足够的信息来确定轨道, 可能需要几次过顶, 而且会有观测间隙。如果观测间隙很长, 由于环境原因, 轨道可能发生极大改变, 这种轨道改变是密集的太阳辐射或其他因素导致的。

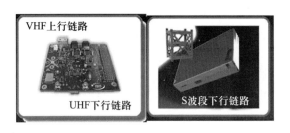

图 3.9 纳卫星通信模块和天线 (摘自《ISIS 立方体卫星解决方案》)

3.2.5 机动性

小卫星的机动性,取决于火箭方程的关键变量。改变卫星速度的能力,取决于有多少推进剂可用, 以及卫星初始质量有多少是推进剂。在极低水平的推力下, 电磁推进器有数千秒比冲。如果纳卫星质量的 90% 为推进剂, 这时, 总的速度增量会有大约 1 km/s。然而, 这仍然只有近地轨道速度的一小部分。轨道倾角变化 1°, 需要几百米每秒的速度变化。所以, 如果纳卫星质量只有 10% 是推进剂, 只要少数几次温和的机动就会消耗全部的推进剂。底线是, 即使纳卫星的大小只有 8 单元尺寸 (8U), 人们也不能指望它有规避碰撞的太多机动性。另外, 与推进器可机动性能关联的过顶质量和功率要求, 与这一底线无关。

小卫星非常有限的机动能力, 仍然好过轨道上完全不受控制的物体。即使在近地轨道稀疏的大气层中, 小卫星也可以利用空气动力学实现机动。机动的程度, 取决于环境的物理特性, 以及暴露于环境的小卫星控制面的构造。

有多个信息来源提供卫星空气动力学的综合回顾, 包括广泛使用的 Wiley 出版社《航空航天工程百科全书》[14]。基于空气动力学的姿态控制或轨道控制是有效的, 因为它依靠上层大气作为能量来源, 但是这些技术通常是不可靠的, 特别是对于规避碰撞目的。以高或然率预先启动规避机动是不可能的, 因为不能以可行的精度提前几十小时估计卫星轨迹, 主要因为, 空气阻力在它们飞行的近地轨道中发挥着主导作用 (译者补: 而空气阻力难以量化计算)。

根据拥有 50 颗 2U 和 3U 立方体卫星的 International Network[15] 的几份报告, 在极为稀薄的近地轨道体制中, 空气动力很难估计。动量传递取决于卫星表面的物理特性, 因为卫星暴露于太空环境, 这些表面特性发生变化。关于这一点, 已经有几次成功任务值得关注, 例如 "好奇" 号在火星着陆, 还有几次失败任务值得关注, 例如 "小猎犬" 火星任务。

推进器的机动能力, 如果有的话, 当然更好。推进器需要预存能量和质量, 然而立方体卫星的架构和飞行任务, 不允许将更多质量分配给预存的推进剂。化学推进一般不是可行的机动选项, 相比之下, 由于质量最小、推力水平低但相当持续等许多原因, 电磁推进是最好的。预存能够被催化为高压气态的高压气体或液体, 实现足够的安全性和可控性, 这种原理也可以提供合适的推进替代方案。

所有这些可能性, 对于长期、温和的轨道调整或者姿态调整都是实用的, 但是对于相对短期的碰撞规避预警, 它们看起来不适用或不可靠。在与其他小卫星碰撞的过程中, 除了规避之外, 小卫星没有任何选择。既然令人满意的飞行任务都青睐同一轨道体制, 那么, 小卫星之间的碰撞不应该被忽视。

能够充分机动避免灾难的大卫星, 与小卫星之间的共同管理, 实际上已经成为大卫星的单方面义务, 然而与小卫星相比, 大卫星调整轨道需要更多的能量。

3.2.6 评估与小卫星绩效相关的技术收益

通常, 持续的技术收益, 在小卫星设计和开发的各个方面迅速地延续。

例如,当代的电源系统能够以更小的质量和体积,生成和存储更多的电量;相控阵天线和使用相控阵多波束馈电系统的可部署网状天线,正变得更加经济,而且能力更强。

最大的收益来自快速编码技术,它允许那些新式高效编码系统在每比特中传输更多信息。一般情况下,小型化的电子器件和光学器件、改良的数据处理和编码技术,已经允许小卫星技术产生最大的收益。由于今天的卫星在本质上就是身处太空的数字处理器,使用专业软件定义它们能够执行什么样的飞行任务,这样的进步是可以预料的。简而言之,在计算机技术和计算机编程领域的收益,一般可以被转移到人造卫星领域。因此,在迅速发展的计算机系统领域和卫星领域,多数情况下,会出现平行收益。

新技术发展还体现在其他领域,尤其是小卫星政策和小卫星监管问题,应该给予特别关注。近地轨道正在变得越来越拥挤,就日益严峻的空间碎片和小卫星轨道脱离问题而言,这是能够允许小卫星少些造成问题,或者少些造成关切的技术领域。

3.3　小卫星脱离轨道的能力

轨道碎片的主动清除,势在必行。因为,即使不发射新的空间物体,已经在轨飞行的大量物体也会产生太多太多的空间碎片,以至于在通常的业务基础上,空间的利用都会是不可持续的。因此,必须开发各种技术手段和轨道脱离功能,支撑轨道碎片的主动移除[16]。

涉及小卫星时,有多种方法处理轨道碎片问题,但是在更广泛意义上,这些创意可以划分为两大类别:① 帮助小卫星脱离轨道的更高效方法;② 将小型有效载荷重新包装成较大的高效系统的方法,为的是送入空间的航天器少一些,或者另一种选择,作为较大系统的一部分,它们可以更有效地脱离轨道。

造成分立的自由飞行小卫星任务的诱因一直存在。这意味着，小卫星在寿命末期的轨道脱离问题，仍然是非常现实的挑战。

目前，很多人热衷于开发新技术，帮助这些航天器脱离轨道。对于没有推进器或者没有主动机制的小卫星，特别是纳卫星，目前有几个概念，讨论怎样做到轨道脱离。这些概念包括可充气并且具有反射特性的类似气球的膜[17]、薄膜式可充气的筒结构 (ITMS)[18]、太阳帆系统、系绳系统。我们认为，所有这些低质量系统都可以在小卫星寿命终结时充气或部署，使小卫星从近地轨道加速回到地面。这些轨道脱离系统，有不少是研究型大学的学生课题。尽管如此，NASA 的 FASTRAC 卫星包括一个 4.0 kg 重的纳米帆 -D2 实验，它被设计成如图 2.2 所示的 FASTRAC 卫星部署。完全部署后，这种薄膜延伸达到 100 英尺² (1 英尺=0.3048 m)，也就是约9 m²。由于这只太阳帆本身就是一个 3U 纳卫星，很显然，这种协助轨道脱离的太阳帆只能用于尺寸较大的小卫星。这项实验没有完全成功，FASTRAC 卫星在 2010 年 12 月 3 日发射，原计划在两周后部署纳米帆 -D2，但部署工作没有如期实现。然后，出于一直没有完全解释的原因，纳米帆 -D2 在约 6 周后的 2011 年 1 月 17 日自行部署[19]。另外，还有一些列入计划的实验，使用系绳系统帮助小卫星脱离轨道。

设计某种系统，能够允许小卫星有效、低成本地脱离轨道，一直是极受关注的研究领域。被动加速轨道脱离系统不但已经开发完毕，而且可能很快就会有商业供货。今天，并非小卫星、纳卫星的所有轨道脱离系统都完全基于无源系统。萨瑞卫星技术有限公司开发了一套微推进器系统，在 2013 年 2 月成功发射了最新的纳卫星，并在那颗卫星上测试该系统。萨瑞卫星技术有限公司和萨瑞大学空间中心也将迎来几颗纳卫星和微卫星，用于演示可展开帆的使用，首先，通过增加阻力来降低轨道寿命，然后，展示使用拖帆主动地捕捉空间碎片并脱离轨道。

图 3.7 所示的 STRaND-1 3U 立方体卫星，包含主动式微推进器系统，

协助卫星脱离轨道。在这颗了不起的纳卫星上飞行的主动轨道脱离系统,
约有一条面包大小, 由几名志愿者仅仅用约 3 个月的时间跨度设计和建
造。这种主动轨道脱离机制明显地参照《星际迷航》系列科幻电影, 命名
为翘曲推进 (WARP DRIVE)。这个名字实际上是 "水醇电阻加热喷气推
进轨道脱离再入速率实验 (Water Alcohol Resisto-jet Propulsion Deorbit
Re-entry Velocity Experiment)" 的首字母缩写, 该推进器由 8 个微脉冲等
离子推进器组成[20]。

　　作为 "Kickstarter" 竞赛的一部分, 密歇根大学航天工程系的研究人
员, 目前正在与几家 NASA 研究中心、私人公司协同工作。这一创意试图
开发立方体卫星双极性推进器 (CAT), 一种新型的等离子体推进系统 (图
3.10)。研究者希望, 这种等离子体推进器系统能以较低的推力水平, 驱动
立方体卫星沿着逐渐增大的螺旋轨道脱离地球引力, 然后进入深空。研究
人员声称, 他们能以极低的成本实现这一目标。

图 3.10　立方体卫星的 "Kickstarter" 等离子推进器的艺术表现 (NASA 提供)

一方面, 这样的系统有助于从近地轨道清除碎片; 另一方面, 沿着这样一条从近地轨道到深空轨道的螺旋状轨道进行长期部署的过程, 导致在轨道上升运动中与轨道碎片碰撞的危险。因此, 这种方法显然需要认真地进行风险评估。[21]

显然, 包括小卫星在内的卫星设计工作和卫星部署工作, 涉及大量技术方面和操作方面的专门知识。然而, 这只是问题的一半。接下来的几章, 将给出一些卫星部署的关键概念, 涉及法律、监管、许可、登记、频率管理方面的问题和进程。然后会讨论轨道碎片问题, 尤其是在小卫星话题之内。最后对监管过程进行讨论, 试图探讨轨道碎片问题, 也试图探讨可适用于卫星尤其是小卫星的责任规定与义务规定。

注释

[1] Small Satellites: Past, Present, and Future, Henry Helvajian and Siegfried W. Janson, Eds., ISBN 978-1-884989-22-3, 2009.

[2] Siegfried W. Janson, Satellite Scaling Issues, p. 771, in Small Satellites: Past Present, and Future.Henry Helvajian and Siegfried W. Janson, Eds., Aerospace Corporation Press, 2009.

[3] Ahmed Habtour and Michael Nikitkin, "Miniature Multiple Evaporator Multiple Condenser Loop Heat Pipe"; 互联网链接: http://digitalcomm ons.usu.edu/smallsat/2005/all2005/131/.

[4] J. Ku, L. Ottenstein, D. Douglas, "Multi-Evaporator Minature Loop Heat Pipe", NASA Goddard, 互联网链接: http://www.ntrs.nasa.gov/archive/nasa/casi.ntrs.nasa.gov/20080032843_2008031434.pdf.

[5] Samir Ahmed Rawashdeh, Passive Attitude Stabilization For Small Satellites, unpublished thesis submitted in partial fulfillment of the require-

ments for the degree of Master of Science in Electrical Engineering in the College of Engineering at the University of Kentucky, 2009.

[6] Siegfried W. Janson, Satellite Scaling Issues, p. 796, in Small Satellites: Past Present, and Future, H Helvajia and S.W. Janson, Eds, Aerospace Corporation Press, 2009.

[7] Erich Bender, "An Analysis of Stabilizing 3U Cube-sats Using Gravity Gradient Techniques and a Low Power Reaction Wheel"; 互联网链接: http://digitalcommons.calpoly.edu/cgi/viewcontent.cgi?article=1035&context=aerosp&sei-redir=1&referer=http%3A%2F%2F.

[8] "Smartphone satellite "STRaND-1 Operational in Orbit" SSTL News, March 7, 2013; 互联网链接: http://www.sstl.co.uk/News-and-Events?story=2132.

[9] The NanoRacks Corporation; 互联网链接: http://nanoracks.com/.

[10] Nano Racks Corporation capabilities; 互联网链接: http://nanoracks.com/products/beyond-iss/.

[11] Hosted Payload Alliance; 互联网链接: http://www.hostedpayloadsummit.com/.

[12] Nav Canada; 互联网链接: http://www.navcanada.ca/.

[13] 互联网链接: http://www.iridium.com/About/IridiumNEXT/HostedPayloads.aspx.

[14] David Finkleman, "Atmospheric Interactions with Spacecraft", Wiley Encyclopedia of Aerospace Engineering, 2010.

[15] http://ec.europa.eu/enterprise/policies/space/files/qb50_en.pdf.

[16] "Active Debris Removal – An Essential Mechanism for Ensuring the Safety and Sustainability of Outer Space: A Report of the International Interdisciplinary Congress on Space Debris Remediation and On-Orbit Satel-

lite Servicing," 联合国文档: A/AC.105/C.1/2012/CRP.16 of 27 January 2012.

[17] C. Lucking, A Passive High Altitude Deorbiting Strategy Advanced Space Concepts Laboratory, University of Strathclyde; 互联网链接: https://pure.strath.ac.uk/portal/files/5443747/Heiligers_J_Colombo_C_McInnes_CR_Pure_ A_passive_high_altitude_deorbiting_strategy_08_Aug_2011.pdf.

[18] Y. Miyazaki et al., "A Deployable Membrane Structure for De-Orbiting a Nano-satellites IAC-07- B4.5.08 (2007); 互联网链接: http://www.iafastro.net/iac/archive/browse/IAC-07/B4/5/7019/.

[19] NASA to Attempt Historic Solar Sail Deployment; 互联网链接: http://science.nasa.gov/science-news/science-at-nasa/2008/26jun_nanosaild/.

[20] WARP DRIVE to be tested on Surrey Space Technology Ltd. STRaND-1 nano-satellite; 互联网链接: http://www.sstl.co.uk/Missions/STRaND-1–Launched-2013/STRaND-1/STRaND-1-FAQs.

[21] 密歇根大学 Kickstarter 竞赛, 为立方体卫星飞行任务开发等离子推进器。互联网链接: http://www.kickstarter.com/projects/597141632/cat-a-thruster-forinterplanetary-cube-sats.

第 4 章

支配卫星部署的全球法律准则

4.1 引言

不论其尺寸、重量、任务范围, 所有的小卫星都是受到目前可适用的国际法律准则管辖的空间物体。这些卫星的发射和运营, 构成了探索形式和外层空间利用形式的空间活动。因此, 它们也受制于这些准则。这些准则主要是通过联合国制定的, 由联合国和平利用外层空间委员会协商通过的五大国际公约[1] 组成。除了这些公约, 还有几项联合国法规和准则[2]、原则、一般国际法规则, 以及另外一些国际协定[3], 直接适用于小卫星的管辖。

4.2 大、小卫星使用空间的权利

可以说, 在一般情况下, 所有涉及大卫星的国际权利和国家义务, 对于使用小卫星开展的空间活动, 同样具有重大意义。以下是这些权利和义务的简要清单:

(1) 所有国家及其非政府实体 (公民个人、企业、大学), 在平等的基础上, 依据国际法, 有权不受任何歧视地自由探索和利用外层空间[4]。

(2) 各国及其非政府实体不得通过声索主权、使用、占领, 或者通过任何其他手段, 将外层空间据为已有[5]。

(3) 禁止向绕地轨道布放任何承载核武器或其他任何种类大规模杀伤性武器的物体[6]。

(4) 对于本国在外层空间的空间活动 (公共的和私人的), 各缔约国负有国际责任[7]。

(5) 对于确保本国 (公共的和私人的) 空间活动符合《外层空间条约》阐述的各项规定, 各缔约国负有国际责任[8]。

(6) 非政府实体 (公民个人、公司、大学) 在外层空间的活动, 必须 "经过适当的《外层空间条约》缔约国授权并且受到持续监督"[9]。

(7) 因为其空间物体或零部件对另一缔约国 (或者其公民、私人公司) 所造成的破坏, 每个发射国家 (不是公民, 也不是私人公司) 都负有国际责任。"发射国家" 是指发射或导致空间物体发射的国家、从该国领土或设施中发射空间物体的国家[10]。

(8) 各国应以合作原则和互助原则为准则, 在开展一切外层空间活动时, 鼓励各国妥善照顾其他所有国家及其公众和私有实体的对等利益[11]。

(9) 每个发射国家有义务在本国登记机构注册其本国的 (以及那些属于公民、私人公司、大学的) 空间物体[12]。

(10) 每个发射国家还应向联合国秘书长通报所发射的空间物体, 以便进行国际登记[13]。

(11) 发射进入外层空间的物体的所有权, 不因其出现在外层空间或者天体之上, 或者返回地球, 而受到影响[14]。

(12) 凡将发射进入外层空间的物体进行登记的国家, 当该物体位于外层空间或者天体上时, 必须对该物体及其中任何人员保持管辖权和控制权[15]。

(13) 各国必须 (并且确保其公民、私人公司、大学) 基于 "和平目的"[16] 开展空间活动, 其中包括军事目的但不包括 "侵略性" 目的。各国有权依据《联合国宪章》第 51 条的规定, 基于自卫目的使用空间。

(14) 各国在建立和使用无线电台时 (包括搭载在小卫星上的无线电台), 均不得对其他国家遵照《ITU 无线电规则》运营的无线电业务造成有害干扰[17]。

(15) 各国必须采取一切可行措施, 防止小卫星和各种设施的操作对其他国家的无线电业务产生有害干扰[18]。

(16) 各国有义务要求其公民或私人公司遵守这些规定[19]。因此, 没有取得无线电台所属国家政府或代表以适当形式颁发的许可并且符合《ITU 无线电规则》的规定, 任何个人或企业均不得建立或者运营无线电通信系统 (基站)[20]。

本质上, 国际法适用于国家。在国际协议和国际公约的保证下, 自由探索外层空间和自由利用外层空间的权利, 是由国家行使, 并且各国排他地为本国公民和私人公司的空间活动承担责任。在行使权利时, 各国可以允许各自的公民或私人公司、学术机构使用空间, 并且可以在认为必要时限制其使用。各国还将自己的国际义务传递给各自的公民或私人公司, 这本质上是由本国法律法规机制和政策来落实的。各国所采纳法律法规的性质、范围、时限, 取决于该国政治经济政策和优先次序。

4.3　与空间使用相关的各国法律

几乎所有参与空间探索和空间利用的国家, 都有某种形式的国家级法律法规和/或国家级行政指令、政策, 指导着空间活动的开展。这些法律可以做如下分类:

(1) 管理一般的国内空间活动, 在《外层空间条约》《登记公约》《责任公约》等国际空间条约之下, 在国内落实责任的特定法律。例如《瑞典空间活动法》[21]《英国外层空间法》[22]《南非空间事务法》[23]《澳大利亚空间活动法》[24] 等。

(2) 对现行法律进行轻微修订, 或者对现存法律进行补充, 从而扩大其范围到涵盖空间活动。这是最常见的做法。例如, 对《加拿大无线通信法案》[25] 进行轻微改动, 从而涵盖无线通信卫星的申请许可。

(3) 依法成立组织, 开展空间研究或其他空间活动。例如, 日本宇宙航空研究开发机构[26]、美国航空航天局[27]、加拿大空间局 (CSA)[28]、南非国家航天局法案组[29] (审校注: 南非国家航天局 SANSA 于 2010 年 12 月 9 日成立)。

(4) 制定新的法律, 管理特定的空间活动或者空间应用。例如, 美国有单独的多种法案分别管理发射服务[30]、遥感活动[31]、卫星通信服务[32]。在加拿大,《遥感法案》管辖着公共部门和私营部门的遥感活动[33]。

(5) 主要由政府执行, 明确地适用于空间活动的一些方面的各种行政指令和/或政策。例如,《印度 2011 年遥感数据政策》[34]《印度实现卫星通信政策框架的规范、准则、程序》[35]。

在空间活动的国家级法规方面, 美国居于世界领先地位。最近, 另外一些国家已经开始采用某种形式的国家级空间法律和法规[36]。然而, 绝大多数国家 (包括航天国家) 的确没有有效的国家级法律和法规来管理各种各样的空间活动, 包括小卫星的发射和使用。

注释

[1] 这五大公约是:《关于各国探索和利用包括月球和其他天体在内的外层空间活动的原则条约》(《外层空间条约》), 由联合国大会第 2222 (21) 号决议通过, 于 1967 年 1 月 27 日开放签署, 1967 年 10 月 10 日生效, 已

有 102 个国家批准和 26 个国家签署 (截至 2013 年 4 月 1 日);《关于援救航天员、送回航天员及送回发射进入外层空间的物体的协定》(《援救协定》), 由联合国大会第 2345(22) 号决议通过, 于 1968 年 4 月 22 日开放签署, 1968 年 12 月 3 日生效, 已有 92 个国家批准和 26 个国家签署, 以及 2 个国家接纳该协定的权利和义务 (截至 2013 年 4 月 1 日);《外层空间物体所造成损害之国际责任公约》(《责任公约》), 由联合国大会第 2777(26) 号决议通过, 于 1972 年 3 月 29 日开放签署, 1972 年 9 月 1 日生效, 已有 89 个国家批准和 22 个国家签署, 以及 3 个国家接纳该公约的权利和义务 (截至 2013 年 4 月 1 日);《关于登记发射进入外层空间物体的公约》(《登记公约》), 由联合国大会第 3235(29) 号决议通过, 于 1975 年 1 月 14 日开放签署, 1976 年 9 月 15 日生效, 已有 61 个国家批准和 4 个国家签署, 以及两个国家接纳该公约的权利和义务 (截至 2013 年 4 月 1 日);《约束各国在月球和其他天体上活动的协定》(《月球协定》), 由联合国大会第 34/68 号决议通过, 于 1979 年 12 月 18 日开放签署, 1984 年 7 月 11 日生效, 已有 15 个国家批准和 4 个国家签署 (截至 2013 年 4 月 1 日)。

[2] 它们是:《各国使用人造地球卫星进行国际直接电视广播所应遵守的联合国原则》, 联合国大会在 1982 年 12 月 10 日以 107 票赞成、13 票反对、13 票弃权通过 (在联合国大会第 37/92 号决议之下, 投票结果由 1982 年 12 月 17 日联合国文件 A/37/PV.100 再现); 1963 年《各国探索和利用外层空间的活动的法律原则宣言》, 联合国大会通过 (在 1963 年 12 月 13 日联合国大会第 1962(18) 号决议之下);《关于从外层空间遥感地球的原则》, 联合国大会不经表决通过 (在 1986 年 12 月 3 日联合国大会第 41/65 号决议之下); 1992 年《关于在外层空间使用核动力源的原则》, 联合国大会不经表决通过 (在 1992 年 12 月 12 日联合国大会第 47/68 号决议之下); 1996 年《关于开展探索和利用外层空间的国际合作, 促进所有国家的福祉和利益, 并特别考虑到发展中国家的需要的宣言》, 联合国大

会通过 (在 1996 年 12 月 13 日联合国大会第 A/RES/51/122 号决议之下); 2007 年《和平利用外层空间委员会空间碎片缓减准则》, 第 62 届联合国大会官方记录, 20 号补编 (A/62/20), 第 117~118 段和附件。联合国大会于 2007 年批准该准则, 见联合国大会第 62 届会议第 31 项议程, 文件 A/RES/62/217 (2008 年 1 月 10 日) 第 26 段。

[3] 此类协定中最重要的是 1945 年《联合国宪章》、1992 年《国际电信联盟组织法》(2012 年修订, 简称《ITU 组织法》, 以及《国际电信联盟无线电规则》(2012 年修订版, 简称《ITU 无线电规则》)。目前, 已有 192 个国家缔结了这些协定。

[4] 1967 年《外层空间条约》第 1 条。

[5] 1967 年《外层空间条约》第 2 条。

[6] 1967 年《外层空间条约》第 4 条。

[7] 1967 年《外层空间条约》第 6 条。

[8] 1967 年《外层空间条约》第 6 条。

[9] 1967 年《外层空间条约》第 6 条。

[10] 1967 年《外层空间条约》第 7 条; 1972 年《责任公约》。

[11] 1967 年的外空条约第 9 条。

[12]《登记公约》第 2 条第 1 款。

[13]《登记公约》第 4 条。

[14] 1967 年《外层空间条约》第 8 条。

[15] 1967 年《外层空间条约》第 8 条。

[16] 1967 年《外层空间条约》序言。

[17]《ITU 组织法》第 45 条。

[18]《ITU 组织法》第 45 条。

[19]《ITU 组织法》第 45 条。

[20]《ITU 无线电规则》第 18 条 (1)。

[21] 《瑞典空间活动法》, 1982: 963; 互联网链接: http://www.oosa. unvienna.org/oosa/en/SpaceLaw/national/sweden/act on space activities 1982E.html.

[22] 《英国外层空间法》, 1986 年第 38 章; 互联网链接: http://www. legislation.gov.uk/ukpga/1986/38/introduction.

[23] 《南非空间事务法》, 南非议会立法 —— 贸易与工业, 1993 年第 84 号, 1993 年 6 月 23 日批准, 1993 年 9 月 6 日开始实施; 互联网链接: http:// www.oosa.unvienna.org/oosa/en/SpaceLaw/national/south africa/space affairs act 1993E.html. 《南非空间法修正案》, 1995 年 10 月 6 日第 1530 号; 互联网链接: http://www.oosa.unvienna.org/oosa/en/SpaceLaw/national/ south africa/space affairs amendment act 1995E.html.

[24] 《澳大利亚空间活动法》, 1998 年修订的第 123 号法案; 互联网链接: http://www. comlaw.gov.au/Details/C2010C00193.

[25] 《加拿大无线电通信法》, R. S. C., 1985, c.R-2; 互联网链接: http://laws-lois.justice.gc.ca/eng/acts/R-2/page-1.html.

[26] 日本宇宙航空研究开发机构的相关法律, 2002 年 12 月 13 日第 161 号法令; 互联网链接: http://www.jaxa.jp/about/law/law e.pdf.

[27] 《美国航空航天法》(修订版), Pub. L. No. lll-314; 124 Stat. 3328, 2010 年 12 月 18 日, 现已编入《美国法典》第 51 篇第 20113(a) 条; 互联网链接: http://uscode.house.gov/download/pls/Title 51.txt.

[28] 《加拿大空间局法》, S. C. 1990, c.13, 1990 年 05 月 10 日通过; 互联网链接: http://laws.justice.gc.ca/eng/acts/C-23.2/page-1.html.

[29] 《南非国家航天局法案》, 2008 年第 36 号法令; 互联网链接: http://www.oosa.unvienna.org/pdf/spacelaw/national/safrica/Act36-2008.pdf.

[30] 1984 年《商业空间发射活动法案》(修订版), 现已编入《美国法典》第 51 篇第 509 章; 互联网链接: http://www.law.cornell.edu/uscode/text/

51/subtitle-V/chapter-509.

[31] 1992 年《地面遥感政策法案》, 现已编入《美国法典》第 51 篇第 601 章; 互联网链接: http://www.nasa.gov/offices/ogc/commercial/15uscchap 82.html.

[32] 1934 年《通信法案》《美国法典》第 47 篇第 5 章; 互联网链接: http://www.law.cornell.edu/uscode/text/47/chapter-5. 以及《卫星通信法规》,《美国联邦法规》第 47 主题第 25 部分; 互联网链接: http://www.law.cornell.edu/cfr/text/47/25.

[33]《空间遥感系统法》, S. C. 2005, c.45, 2005 年 11 月 25 日通过; 互联网链接: http://laws-lois.justice.gc.ca/eng/acts/R-5.4/page-1.html.

[34] 互联网链接: http://www.isro.org/news/pdf/RSDP-2011.pdf.

[35] 互联网链接: http://www.isro.org/news/pdf/SATCOM-norms.pdf.

[36] Ram S. Jakhu (主编), National Regulation of Space Activities, 2010, published by Springer Publishing House, the Netherlands.

第 5 章

许可、登记和频率使用管理

5.1 发射许可证和有效载荷许可证

国家规范空间活动最常见和最重要的工具,是从指定政府机构获得许可 (授权) 的要求。国家许可证建立了政府和被许可人之间的法律关系。许可证通常在特定的条件和条款下颁发,并明确了被许可人的权利和义务。如果被许可人的行为违反了可适用的法律、法规、条件、许可条款的规定,该许可证将被终止。

各国明确了与小卫星相关的各种许可要求和许可流程。例如, 加拿大外交和国际贸易部 (DFAIT) 依据《加拿大遥感空间系统法》[1], 颁发了几项遥感系统的许可。然而, 最近由印度极地卫星运载火箭 (Polar Satellite Launch Vehicle, PSLV) 发射进入 800 km 轨道的加拿大近地物体监视卫星 (NEOSSat, 仅重 65 kg 的小卫星) 不是由 DFAIT 许可, 因为它是 "专门用于探测、跟踪小行星和卫星的空间望远镜"[2], 而不是在该法案中定义的遥感卫星[3]。

NEOSSat 没有经过 DFAIT 许可的另一个原因, 或许是因为它凭借由女王陛下颁发的枢密令而豁免许可。该法案中规定, 政府任务可豁免许可。

在 DFAIT 方面，许可权限中的这一法律空白的主要含义是：尽管 NEOSSat 是未经许可的小卫星，按照国际空间法规定，加拿大是这颗卫星的发射国家，因为该卫星已经由两个政府机构 (加拿大国防研究发展部和加拿大航天局) 资助并共同运营。因此，如果 NEOSSat 造成任何损害，加拿大政府可以承担责任。

有时，各国缺乏相应的国家级监管系统，来为可能由大、小卫星遂行的某一特定空间活动颁发许可证。注意到小卫星正是设计用于在轨卫星服务 (On-Orbit Satellite Servicing, OOS) 活动的，这很有意思。例如，ATK 的小卫星平台 (A500) 已被用来 "为美国国防高级研究计划局 (DARPA) 革命性的 '凤凰计划' 开展在轨卫星服务和再利用"[4]。加拿大 McDonald Dettwiler and Associates 有限公司 (MDA) 已经开发出空间机器人，具备提供在轨卫星服务活动的能力。国际通信卫星机构 (Intelsat) 和 MDA 已经同意为在轨加注任务开展运作[5]。尽管这笔交易失败的主要原因，是缺乏显著的商业前景，但 MDA 一直难以在加拿大获得许可，因为现行的加拿大监管制度尚未有相应规定。

在加拿大，根据《加拿大遥感空间系统法案》第 5 条，未经外交部长颁发许可，任何人不得运营遥感卫星系统。在颁发许可证之前，外交部长首先考虑国家安全、加拿大国防、加拿大军事力量的安全、加拿大的国际关系及国际义务。

该许可证的颁发取决于以下条件：① 被许可人保持对被许可系统的控制；② 除非依照许可证，被许可人不得允许任何其他人在该系统的操作中从事受到控制的活动；③ 由遥感系统获取的，关于任何国家领土的原始数据和遥感产品 (但不包括已被增强或添加数值的数据和产品)，应当在合理的时间内，以合理的条件提供给该国政府，但是服从于外交部长认为适当的许可条件；④ 被许可人保持对遥感系统中原始数据和遥感产品的控制；⑤ 持证人必须在卫星寿命末期，按照处置计划描述的方式处置卫星，且该处置计划在获颁许可证之前经外交部长批准[6]。

在美国,受制于美国管辖权或控制权的任何人,操作任何私人遥感空间系统均需获得操作许可[7]。该操作许可证由商务部长核准,并授权美国国家海洋和大气管理局 (NOAA) 颁发。申请人 (和被许可人) 获颁许可证,必须符合几个宽泛而繁重的要求,包括:有责任尊重国际义务和美国的国家安全关切,并在美国国内保持对卫星运行的控制;对收集数据和传播数据的限制;在卫星寿命末期,按照美国国家海洋和大气管理局核准的方式处置卫星。

目前的美国法律适用于所有个人、学术机构,以及正计划发射大、小遥感卫星的私人公司,"尽管 (立方体卫星) 通常并不导致国家安全或者外交政策方面的忧虑"[8]。美国国家海洋和大气管理局承认,很难将现行法律的要求严格应用于小卫星,特别是因为 "一些立方体卫星系统的设计,使得它不可能符合标准的许可条件,例如,出于国家安全事务要求,对成像操作进行限制"[9]。因此,可以预见,在美国申请小卫星许可的负担将最终减轻。

Glenn Tallia (气象卫星和研发部主任,美国国家海洋和大气管理局总顾问) 认为,除了发展指导方针和行为准则,还有必要改变现行的遥感法规,授权美国国家海洋和大气管理局 "自行决定,某些对地成像的立方体卫星不需要许可证"[10]。此外,Tamara Dawkins (美国国家海洋和大气管理局商业遥感监管事务办公室主任) 表示,可能的变化还包括 "在继续重视美国国家安全事务的同时,对分辨率的限制有可能降低,以帮助美国商业数据提供商维持竞争优势并保持市场领先地位"[11]。

这些提案无疑看起来积极主动,似乎将会激励小卫星的研发和发射。然而,这是一把 "双刃剑"。更顺畅的发射审批流程,可以视为一个积极的步骤,但是,如果发射更多的小卫星导致轨道碎片增加,这必定会被看作一个消极的结果。

尤其必须牢记的是：不是其大小或质量，而是卫星的性能决定了许可负担的范围和性质。随着技术的发展，小尺寸卫星已经开始从事更加先进、更加复杂的遥感活动[12]。Siegfried Janson 是总部位于加利福尼亚州 El Segundo 市的 Aerospace Corporation 资深科学家，据他所说："今天的小卫星，已经与 25 年前的大型卫星一样能干，甚至有所超越，这一趋势在未来 25 年还将持续"[13]。

有一种发展趋向，不仅指向小卫星的建造，而且指向小型运载火箭的发展。可重复使用的运载火箭，将会定期地将小卫星 (包括私人卫星[14]) 运送入轨道，甚至可能达到每天 4 次或更高频率。通过与萨瑞卫星技术有限公司合作，维珍银河公司正在开发其"运载器"1 号 (Launcher One) 计划，这是一种由"太空船"2 号 (Space Ship Two) 的运输机"白衣骑士"2 号 (White Knight Two) 空中发射的无人运载火箭，能够将 225 kg 载荷送入近地轨道[15]。如何为这些发射小型有效载荷的小型火箭颁发许可，是监管部门面临的挑战。

在美国，所有发射服务的监管依据是 1984 年《商业空间发射服务法案 (修订版)》[16]。可扩展、可重复使用的运载火箭，用于私人发射活动需要许可证，如果这种发射活动由：① 任何人在美国境内操作；② 美国公民在美国境外为美国公民操作；③ 在美国境外及某外国领土之外操作，除非美国和该外国政府之间有协议，为该外国政府提供 (发射活动的) 管辖权；④ 在某外国领土之内为美国公民操作，如果美国和该外国政府之间有协议，为美国政府提供 (发射活动的) 管辖权[17]。

发射许可证由运输部长办公室颁发，现已授权美国联邦航空管理局 (Federal Aviation Administration, FAA) 下属的商业空间运输办公室 (Commercial Space Transportation, AST) 颁发。许可证颁发之前，需要进行彻底的安全审查和任务审查，包括与美国政府各机构进行的协商，并且由各部门进行决策。发射许可证颁发之前，AST 必须确保，通信卫星已经获得美国联邦通信委员会 (Federal Communications Commission, FCC) 的相应许可证, 遥感卫星已获得美国商业部的相应许可证。另外, AST 还必须与美国国防部磋商, 确保美国 "国家安全利益" 得到保护; 并与美国国务院协商, 确保 "美国的外交政策利益或义务" 得到保护。

许可证颁发还有以下各种条件, 包括: ① 最低保额的第三方责任险要求, 其保额在可能损失的最高额的基础上确定; ② 严格遵守安全法规; ③ 关于发射前记录和发射前通知的要求, 包括那些附属于美国联邦航空管理局 (FAA) 的空域限制; ④ 遵守联邦检验、鉴定、强制认证要求。

对于像 "运载器" 1 号这样的小型运载火箭, 例行地发射小卫星, 获取发射许可证的上述要求和程序是繁琐的。然而, 美国法律允许运输部长放弃任何要求, 包括对个人申请者获得许可的要求。如果部长为了公共利益决定豁免私人发射申请, 这种决定, 应当不会危害公众健康和公众安全、财产安全、美国国家安全及外交政策利益[18]。这项权力, 可用于免除对于一些小卫星的许可证要求。

印度的极地卫星运载火箭 (PSLV) 越来越多地被用作小型卫星 (特别是国外卫星) 的运载火箭。印度目前没有关于发射许可证的全国性法律。这样, 寻求发射服务的顾客只需要与 Antrix 公司签署协议, 该公司是印度宇航局下辖的印度空间研究组织 (Indian Space Research Organization, ISRO) 的营销部门。然而, 据 Antrix 公司前任主管 Sridhara Murthi 介绍, "装载在印度运载火箭上的卫星的所有发射请求 (印度政府拥有的除外), 仍然需要印度政府的发射授权"。该授权由印度宇航局颁发, 并充分考虑所有国际条约义务、外交政策利益、国家安全事务[19]。在这点上, 印度宇航局做出的决定, 并非基于任何与发射相关的法案或法规, 而是基于内部管理流程和印度政府的政策。相比于美国的情况, 在印度获得发射授权更为简单、快捷; 对于印度国内和国外的小卫星业主, 这都是相当有利的。

南非的第一颗卫星 Sunsat 重约 64 kg, 由南非独立研发, 于 1999 年 2

月用美国 Delta Ⅱ 火箭发射[20]。该小卫星并不是在南非得到发射许可的。然而，南非第二颗小卫星 Sumbandilasat 是政府委托的卫星，该卫星重约 80 kg，于 2009 年 9 月 17 日发射进入 600 公里轨道[21]。该卫星的发射许可证，由南非空间事务委员会根据 1993 年《南非空间事务法》第 11 章，于 2009 年 6 月 2 日向南非科技部颁发。南非的第一颗立方体卫星 ZACUBE-1 仅重 1.3 kg，尺寸仅为 10 cm × 10 cm × 10 cm，主要由开普半岛科技大学的研究生设计和建造[22]。该卫星可能在 2013 年年中发射[23]，并有待颁发许可证 (审校注: 2013 年 11 月 21 日，协调世界时 07:10:17，于俄罗斯奥伦堡州亚斯内 (Yasny) 发射基地，乘载一枚 "第聂伯" -1 (Dnepr-1) 运载火箭发射，该次发射的有效载荷总数为 32 颗小卫星)。

在尼日利亚，根据《国家空间研究发展局法案》[24]，成立了尼日利亚国家空间研究发展局 (NASRDA)，其职责是从事有关空间的特定活动[25]。该法案还成立了空间理事会，经 NASRDA 推荐，该理事会有权向渴望进行特定空间活动的非政府实体和社团法人颁发许可证[26]。重约 300 kg 的小卫星 NigeriaSat-2、重约 100 kg 的 NigeriaSat X，由 NASRDA 全权拥有并进行全部操作。由于这些卫星是由 NASRDA 代表尼日利亚政府采购的，因此无需颁发许可证。毫无疑问，如果这些卫星由任何非政府实体采购，颁发许可证的需求就会出现，并将得到处理。

在日本，同其他几个国家一样，无论是发射行动还是卫星运营，不存在明文法律对许可证的颁发进行授权。因此，日本没有为小卫星颁发任何政府许可证。

5.2 空间物体的国际登记

如上所述，根据国际空间法，每个进行航天发射的国家，都有义务登记归属其公共实体、公民或私人公司所有的卫星，并向联合国秘书长登记此类卫星。采纳对空间物体进行国际登记的要求, 是基于如下信念: 空间物体登记的强制性制度, 将有助于识别它们的身份, 并促进国际空间法的应用, 特别是在事故中确定责任和义务。

目前, 该登记制度已经得到了很好的执行, 从事空间活动的国家, 已经定期地对其发射的空间物体进行本国登记和国际登记。根据 1975 年《登记公约》或《联合国大会第 1721B(16) 号决议》, 该国际登记册由联合国秘书长维护。尽管根据《登记公约》, 国际登记是强制性的, 由国家进行的空间物体国际登记的数量, 近年已开始下降。根据一项由国际法协会 (International Law Association, ILA) 进行的研究, "1975 年《登记公约》以及联合国大会第 1721B(16) 号决议之前, 1972 年共有 129 个物体射入外层空间, 所有的物体都进行了登记 (0% 的物体未登记)。1990 年, 共有 165 个物体射入外层空间, 其中 160 个进行了登记 (9% 的物体未登记)。2002 年, 共有 92 个物体射入外层空间, 其中 73 个进行了登记 (20% 的物体未登记)。2004 年, 共有 72 个物体射入外层空间, 其中只有 50 个进行了登记 (30.5% 的物体未登记)。就这一点而言, 我们的确正在走下坡路"[27]。

各国越来越不愿意进行国际登记的主要原因之一是, 尽管公约要求各国在卫星发射并进行国家登记之后尽快进行国际登记[28], 然而国际登记并没有具体的时间限制。各国往往拖延, 甚至不向联合国秘书长发送国际登记所必需的信息, 特别是由外国运载火箭发射, 以及可能不会在轨道长时间停留的卫星。

美国卫星铱星 33, 在 2009 年 2 月 10 日与废弃的俄罗斯卫星宇宙 2251 发生碰撞并被摧毁, 宇宙 2251 卫星由俄罗斯质子 K 火箭在俄罗斯租用的哈萨克斯坦丘拉塔姆 (拜科努尔) 基地发射。1998 年 3 月 4 日, 俄罗斯通知联合国说, "1997 年 9 月 14 日, 一枚 '质子' 号运载火箭从拜科努尔基地, 发射 7 颗铱星进入地球轨道 …… 该卫星由 (美国) 摩托罗拉公司拥有和运营"[29]。事实上, 这些卫星是由跨国工业财团铱星公司实际拥有, 摩托罗拉是其控股股东。

另外, 美国射入外层空间物体的官方登记, 由美国国务院海洋及国际环境暨科学事务局维护 (拥有对铱星 33 的管辖权, 因为美国是其注册国)。经确认, 铱星 33 并没有通过美国向联合国登记, 仅仅是 "俄罗斯联邦在 ST/SG/ SER.E/332 文件中提到"[30]。此外, 直到 2013 年 5 月 22 日, 美国登记仍然表明铱星 33 在轨道上, 虽然它早在 4 年多前就已被摧毁。

日本虽然并不向由外国运载火箭发射的日本政府的 (或其大学的) 小卫星颁发许可证, 但却进行国家登记。日本向联合国登记了 SDS-4 (小型演示卫星 4), 一颗重约 50 kg、尺寸 50 cm 见方的小卫星[31]。该小卫星由日本宇宙航空研究开发机构 (JAXA) 研制, 并于 2012 年 5 月 17 日从日本鹿儿岛市的种子岛航天中心发射。

Nigeriasat-Ⅱ 和 Nigeriasat-Ⅹ 卫星尚未向联合国登记, 但有理由相信, 其国际登记过程一定会在适当的时候进行。尼日利亚之前已提交了所需的登记信息, 向联合国登记了 Nigeriasat-Ⅰ (NigeriaSat Ⅱ 的先驱), 该卫星于 2005 年依照《联合国大会第 1721B(16) 号决议》进行了登记, 因为当时尼日利亚尚未加入《登记公约》[32]。

据预计, 随着小卫星 (特别是留轨时间很短的皮卫星、纳卫星、立方体卫星等) 发射以指数形式增长, 各国可能不会向联合国秘书长进行国际登记, 或许甚至不会进行国家登记。这最终将在对其进行识别时引起问题, 尤其是, 当它们碰巧卷入外层空间事故 (如厄瓜多尔的 Pegaso 立方体卫星), 或在再入过程中幸存, 并在地球上造成损害。

5.3 无线电频率的使用

为了保证正常运作, 无论大小, 所有卫星均需要使用无线电频率, 无论它们是通信、遥感、科学或其他用途的卫星。为了避免可能产生的有害干扰, 无线电频率在国际层面和国家层面均受到严格管理。无线电频率是有限的国际天然资源, 它们不遵循国界, 在公平基础上由所有国家使用[33]。因此, 国际社会已经通过国际电信联盟 (ITU) 设计了一个广泛的国际监管体系。ITU 是联合国历史最悠久的专门机构, 干扰的监管控制主要是通过《ITU 无线电规则》实现, 该国际条约适用于 193 个 ITU 成员国。干扰控制的监管机制包括如下形式: ① 为不同的无线电业务分配单独的无线电频率; ② 限制所有基站的无线电信号发射功率; ③ 协调使用各国之间的无线电频率 (国际电信联盟之内管理); ④ 非地球同步轨道卫星对地球同步轨道 (GSO) 卫星基站的保护要求[34]。所有这些国际法规的要求, 也适用于小卫星、微卫星。尽管采取了所有这些保护措施, 无意的和有意的无线电干扰的干扰水平和发生频率仍在持续上升。国际社会已经建立组织, 诸如抑制卫星干扰工作组 (sIRG), 以寻求途径来缓解这一问题。

许多小卫星, 使用的是《ITU 无线电规则》分配给业余卫星业务的无线电频率。大量的其他小卫星部署为星座, 用于通信或数据中继业务, 使用的是分配给通信服务的无线电频率; 此外还有其他小卫星, 使用分配给科学目的或者其他用途的无线电频率。业余卫星业务, 是指由业余爱好者在地球上使用空间基站实施的无线电通信服务, 其目的是双向通信的自我训练和技术研究, 即经恰当授权的、对无线电技术感兴趣的个人, 基于个人目标、不涉金钱利益进行技术研究[35]。《ITU 无线电规则》第 5 条之下的无线电频率划分表, 在三个 ITU 区段明确标明, 业余卫星业务有相同的无线电频段配额 (审校注: 实际查到 5 个不同频段)。使用这些频段有几个技术限制和监管限制。在启动小卫星发射的短短几年之内, 业余卫星业务频段已经日益拥挤, 主要是由于该类卫星数量的日益增长[36]。这一情况正在引起关注, 随着更多小卫星的发射, 情况可能进一步恶化。

为了解决小卫星引起的业余卫星业务频段过度拥挤的问题，在 2012 年国际电信联盟于日内瓦举行的世界无线电通信大会 (WRC-12) 上，一些政府提交了多种提案。会议在其决议 COM6/10(WRC-12) 中认为：① 目前，许多纳卫星和皮卫星使用了分配给业余卫星业务和气象卫星服务、频率为 30~3000 MHz 的频段，尽管其任务可能与这些业务不一致；②《ITU 无线电规则》第 9 条和第 11 条中，卫星协调和卫星通报的现存规定可能需要进行调整，以考虑到这些卫星的性质。WRC-12 大会邀请 ITU 无线电通信管理局来审查通报空间网络的程序，并考虑可能的修改，使纳卫星、皮卫星能够部署和运营，兼顾它们短暂的部署时间、短暂的任务时间、独特的轨道参数。WRC-12 大会还指示 ITU 无线电通信管理局主管，向 WRC-15 大会报告这些研究工作的结果。WRC-12 大会还邀请 WRC-18 考虑，为了促进纳卫星、皮卫星的部署和运营，也为了采取适当的行动，是否需要对通报空间网络的监管程序进行修改。这是一个积极的行动，可能有助于适应小卫星和微卫星日益增长的、对充足的无线电频率的需求。

根据《ITU 组织法》和《ITU 无线电规则》，每个国家有义务满足以下要求：

(1) 要求其小卫星操作只使用《ITU 无线电规则》分配的无线电频率。

(2) 阻止卫星运营商对他人的无线电业务产生有害干扰。

(3) 要求卫星运营商按照《ITU 无线电规则》运营自己的卫星。

(4) 要求卫星运营商从指定的政府机构获得许可证。

然而，国际电信联盟没有可以使用的强制规定和制裁手段，以确保这些"要求"得以满足。

由于大多数小卫星使用的是分配给业余卫星业务的无线电频率，我们盼望相关主管部门 (政权或国家) 尊重《ITU 无线电规则》中详细说明的以下要求。

(1) No.25.11 —— 主管部门在批准空间基站开展业余卫星业务时, 应确保在发射之前建立足够的地面控制站, 以确保开展业余卫星业务的空间基站发射的任何有害干扰可以立即终止 (第 22.1 款)。

(2) No.22.1 —— 空间基站应配备设备, 以确保任何时候根据本法规的规定需要立即停止时, 可以通过远程命令, 立即停止空间基站的无线电发射。

在某些情况下, 如果小卫星正在使用无线电频率, 与地面基站和空间基站进行信号发射、信号接收, 相关国家 (政府) 可能会有进一步的义务进行通报、通过 ITU 开展协调并完成登记, 这是因为: ① 在国际范围内, 防护有害干扰信号是众望所归的; ② 无线电频率将用于国际服务; ③ 有理由相信, 使用一种新的无线电频率, 将对其他基站产生有害干扰。对小卫星运营商而言, 国际电信联盟的规定和程序, 由国家履行和国家遵守时, 可能是一个非常繁琐、费时、昂贵的过程。

在美国, 要求所有卫星由美国联邦通信委员会 (FCC) 根据 1934 年《通信法案 (修订版)》和《联邦卫星通信法规》颁发许可证[37]。此外, 在某些情况下, 美国联邦通信委员会还强制实行《ITU 无线电规则》规定的国际法规和工作程序。因此, 对小卫星而言, 美国联邦通信委员会的无线电许可程序可能是一个冗长和耗时的过程, 当需要通过国际电信联盟开展国际协调时尤其如此。

美国联邦通信委员会认识到小卫星面临的困境, 因而在近日发布了简化的指南, 指导小卫星运营商, 向美国联邦通信委员会申请使用分配给业余卫星业务的无线电频率的许可证[38]。这无疑将有助于小卫星运营商 (特别是皮卫星、纳卫星、飞卫星), 因为他们中的大多数通常并不了解美国联邦通信委员会颁发卫星许可证的复杂性。该指南, 同样也适用于其他国家的类似要求。

注释

[1] 加拿大《遥感空间系统法》, 互联网链接: http://www.international.
gc.ca/arms-armes/non nuclear-non nucleaire/remote sensing-teledetection.
aspx?lang=eng.

[2]《NEOSSAT: 加拿大的空间哨兵》, 互联网链接: http://www.asc-
csa.gc.ca/eng/satellites/neossat.

[3] 加拿大《遥感空间系统法》第 2 章, 前注第 71 条, 将 "遥感卫星"
定义为 "能通过电磁波的使用感测地球表面的卫星"。

[4] "ATK 介绍小卫星、航天器平台的扩展产品线," 2012.07.30, 互联网
链接: http://www.atk.com/news-releases/atk-introduces-expanded-product-
line-of-small-satellite-spacecraft-platforms.

[5] "MDA 与国际通信卫星组织签署卫星服务协议", 2011.05.15, 互联
网链接: http://www.theglobeandmail.com/globe-investor/mda-signs-satellit-
services-deal-with-intelsat/article578531/.

[6] Jakhu R S, Doldirlina C, 等. 2005 年加拿大遥感空间系统法回顾,
航空和空间法年鉴 (2012 年), p.399.

[7] 2010 年《国家及商业空间政策法》(前身为 1992 年《土地遥感政策
法》),《美国法典》第 5I 卷 §60122.

[8] Glenn Tallia (气象卫星及研究部首席、NOAA 总顾问). "根据国
家和商业空间政策法案, NOAA 许可立方体卫星作为私人遥感空间系统",
2012.01.20, 互联网链接: http://www.americanbar.org/content/dam/aba/
administrative/science technology/1 20 12 licening.authcheckdam.pdf.

[9] 同上。

[10] 同上。

[11] Harrison Donnely, Remote Sensing Regulator, GIF 2013 Volume:

11 Issue: 1 February; 互联网链接: http://www.kmimediaggroup.com/mgt-home/466-gif-2013-volume-11-issue-1-february/6353-remote-sensing-regulator.html.

[12] 更多细节请参阅 Small Satellites Redefine Each Observation; 互联网链接: http://www.sst-uscom/blog/march-2013/small-satellites-redefine-earih-robservation; Janet French. 小卫星, 大梦想 (Small satellite, big dreams), The Star Phoenix, 24 August 2011; 互联网链接: http://www2.canada.com/saskatoonstarphoenix/news/story.html?id=8a8dbcf9-37ee-4013-b208-f8a3dc7dcdb (last accessed: 2 may 2013); Andrew Cawthorne, David Pull, and Stuart Eves, Very High Resolution Imaging Using Small Satellites, a paper presented at 6th Responsive Space Conference, April 28-May 1, 2008, Los Angeles CA; 互联网链接: http://www.responsivespace.com/Papers/RS6/SESSIONS/SESSION%20III/4007_CAWTHORNE/4007P.pdf; 美国西南研究院为 NASA 建造 8 颗纳卫星, 用于帮助预测地球上的极端天气事件 (SwRI Building Eight NASA Nano satellites to Help Predict Extreme Weather Events on Earth), Jun 25 2012; 互联网链接: http://www.Spacedaily.com/reports/SwRI_Building_Eight_NASA_Nann-Nano_satellites_to_Help_Predict_Extreme_Weather_Events_on_Earth_999.html.

[13] Leonard David, Small Satellites Finding Bigger Roles as Acceptance Grows, Aug. 29, 2011; 互联网链接: http://www.spacenews.com/article/small-satellites-finding-bigger-roles-acceptance-grows#.UZpI3rXVB8E.

[14] A personal satellite can be cracker-size satellite, that's cheap enough for average people to build and fly their own satellite; Caleb Garling, Entrepreneur working on Personal satellites, December 26, 2012; 互联网链接: http://www.chron.com/sbusiness/thchnology/article/Personal-satellites-that-fly-into-space-4146595.php.

[15] SST US collaborates with Virgin Galattic to offer radically cheaper options for small satellites, July 12 2012; 互联网链接: http://www.spacedaily.com/reports/SST_US_collaborates_with_Virgin_Galattic_to_offer_radically_cheaper_options_for_small_satellites_999.html.

[16] 商业空间发射活动,《美国法典》第 51 卷第 509 节.

[17]《美国法典》第 51 卷 §50904.

[18]《美国法典》第 51 卷 §50905(3).

[19] K. R. Sridhara Murthi, ISRO's launcher Policies and International Services, a paper (IAC-09-e3.3.2) presented at the International Astronautical Congress, 2009, p.7.

[20] Garth W. Milne, et al., SUNSAT-Launch and First Six Month's Orbital Performance, a paper presented at 13th Annual AIAA/USU Conference on Small Satellites, 1999; 互联网链接: http://staff.ee.sun.ac.za/whsteyn/Papers/USU99_Sunsat.pdf.

[21] 互联网链接: http://www.ne.jp/asahi/hamradio/je9pel/sumbandi.htm.

[22] South Africa's First Cube-sat Heads For Space, 2 October 2012; 互联网链接: http://www.sana.org.za/spacescience/resource-centre/news/83-south-africa-s-first-cube-sat-heads-for-space.

[23] https://directory.eoportal.org/web/eoprtal/satellite-missions/v-w-x-y-z/zacube-1.

[24] National Space Research and Development Agency Act of 2010, 互联网链接: http://www.reclaimnaija.net/cms/act/2010/national_space_research_and_development_agency_act_2010.pdf.

[25] 同 6。

[26] 同 9。

[27] ILA Space Law Committee, Legal Aspects of the Privatisation and

Commercialisation of space Activities: Remote Sensing and National Space Legislation, 2nd Report for 2006 ILA Toronto Conference, introduction by Professor Maureen Williams.

[28]《登记公约》第 4 条。

[29] Information furnished in conformity with the Convention on Registration of Objects Launched into Outer Space. Note verbale dated 4 March 1998 from the Permanent Mission of the Russian Federation to the United Nations addressed to the Secretary General. UN Doc. ST/SG/SER.E/332 of 1998, Vienna, United Nations.

[30] U.S. Space Objects Registry, 2 Nov.2009; 互联网链接: http://usspa ceobjectsregistry.stat.gov/registry/dsp_DetailView.cfm?id=1517&searched=1.

[31] Information furnished in conformity with the Convention on Registration of Objects Launched into Outer Space. Note verbale dated 12 October 2012 from the Permanent Mission of Japan to the United Nations (Vienna) addressed to the Secretary-General, UN Doc. ST/SG/SER.E/655 of 18 October 2012.

[32] Information furnished in conformity with General Assembly Resolution 1721 B(XVI) by States launching objects into orbit or beyond: Note verbale dated 17 August 2004 from the Permanent Mission of Nigeria to the United Nations (Vienna) addressed to the Secretary-General, UN Doc.A/AC. 105/INF.411 of 31 March 2005.

[33]《ITU 组织法》第 44 条 (2)。

[34] Attila Matas, ITU Radio Regulations Related to Small Satellites, a presentation made at 10th Annual Cube-sat Developers' Workshop 2013, 24– 26 April 2013, Cal Poly, San Luis Obispo, USA; 互联网链接: http://mstl.atl. calpoly.edu/bklofas/Presentations/evelopersWorkshop2013/Matas_ITU_

Radio_Regulations_for_Small_Satellites.pdf.

[35]《ITU 无线电规则》，第 1 条 (第 1.56 段和第 1.57 段)。

[36] Basic Space Technology Initiative (BSTI): Activities in 2011-2012 and plans for 2013 and beyond, UN Doc.A/AC.105/2012/CRP.l6 OF 23 May 2012, p.4.

[37] 1934 年《通信法案》(《美国法典》第 47 卷第 5 章); 互联网链接: http://www.law.cornel.edu/uscode/text/47/chapter-5;《卫星通信条例》, (《美国法典》第 47 卷第 25 部分); 互联网链接: http://www.law.cornel.edu/cfr/text/47/25.

[38] 美国联邦通信委员会《获得小卫星许可证的指南》，公示日期: 2013.03.15 (Federal Communications Commission, Guidance on Obtaining Licenses for Small Satellites, Public Notice Released: March 15 2013.)

第 6 章

责任、义务和轨道碎片缓减问题

正如第 1 章所述，特别是由于近期发生的空间事故，以及对空间物体的有意摧毁，地球轨道上的空间碎片数量已经明显上升。近年来，新碎片产生的最主要原因包括：俄罗斯宇宙 2251 卫星与铱星 33 的碰撞、最近厄瓜多尔小卫星与空间碎片的碰撞等。

有理由相信，外层空间的安全和可持续利用，将日益受到空间碎片的威胁。首先，对于在役卫星，空间碰撞造成航行危险；其次，空间碎片是人身安全、物质财产、地球表面环境的主要风险源。后者的一个例子是，1978 年俄罗斯宇宙 954 卫星再入大气层，在加拿大北部广大地区散落了放射性碎片。

预期的小卫星发射，特别是射入近地轨道的小卫星，将进一步扩展空间碎片的数量，因为这些卫星通常生命周期较短。这特别值得关注，因为从历史上看，纳卫星的故障率相对较高 (高达 52%)，即使目前可以采用新技术和优质的小卫星工具包来提高可靠性，仍然如此。

通过在国际层面和国家层面的多次努力，目前已通过了一些监管规定、技术标准、自愿准则，用于控制和/或缓减空间碎片的产生。

6.1 责任问题和义务问题

如前所述，国家是国际责任的主体，应当确保自身及其公民进行的空间活动 (包括发射和操作小卫星) 均符合 1967 年《外层空间条约》。非政府实体进行这些活动，必须由国家 "授权并持续监管"，更重要的是，在其空间活动的管理中，应适当顾及所有其他国家及其公共实体、私人实体的相关利益。各国必须赔偿违反这些义务造成的损害。

小卫星的不断增长和空间碎片增加的潜在可能，已经引起了一些监管问题，其中最重要的，涉及空间物体造成损害的责任和义务，也包括小卫星所造成的损害。责任问题和义务问题，已经根据目前可适用的国际空间法得到处理。下面简要描述国际空间法处理赔偿问题的可适用性。

由于私有化和空间活动扩展等原因，许多小卫星，甚至有可能不是在国际空间法的管理下结束寿命。因此，就一般国际法而言，以下问题仍然没有答案：如果部署空间物体的是一些实体而不是国家，并且在国际空间条约 (如 1967 年的《外层空间条约》、1972 年的《责任公约》) 非缔约国领地之内进行部署，应当遵循哪些责任和义务体制？另一个重要问题，涉及此类卫星的国家法规，特别是在没有建立适当空间法律法规的国家。

6.1.1 小卫星作为空间物体的责任

同任何其他空间物体类似，小卫星也涉及有效载荷的发射、在外层空间碰撞的可能性，以及失效系统的碎片落回地球的可能性。然而，与目前许多其他空间物体的发射和运营相比，小卫星星座将在某些方面具有不同的含义。即使发射技术已有显著的进步，小卫星的发射活动仍将是数量巨大的，因此导致事故的概率可能更高，造成外层空间轨道、大气和/或地球表面的损害。

目前主要有两个国际法公约，即 1967 年的《外层空间条约》和 1972

年的《责任公约》，可以直接用于明确在开展空间活动 (包括小卫星的发射和运营) 时发生损害的义务。如果所受损害，是由这两个公约的任何其他缔约国导致，公约的缔约国及其公民有权依据任一公约提出赔偿要求。重要的是要牢记，由空间物体或其组成部分、运载火箭或其组成部分，或者由其产生的任何碎片造成的任何损害，均可依据任意一个或者这两个公约获得赔偿。

如果 "某物体及其组成部分，在地球、天空或外层空间使另一缔约国或其自然人或法人受到损害"，《外层空间条约》第 7 条明确了发射国家承担的责任。"发射国家" 是指 "发射或导致空间物体发射的国家、从该国领土或设施中发射空间物体的国家"。此外，《外层空间条约》第 6 条规定，各缔约国对其 (不论是政府部门，还是非政府的团体组织) 在外层空间所从事的活动，要承担国际责任。非政府团体在外层空间 (包括月球和其他天体) 的活动，应当由有关的缔约国批准，并持续加以监督。各国还要对其参与的国际组织进行的空间活动承担责任。

《外层空间条约》仅仅在其英文版本中，对责任和义务进行了区分。然而，具有同等效力的该条约中文、法文、俄文、西班牙文版本中，未对责任和义务进行区分。因此，也可依据《外层空间条约》第 6 条进行索赔。该条约既没有对赔偿金额进行限制，也没有对 "损害" 进行定义。因此，该术语的普通含义 (财产的损失或损害，自然人的伤害或死亡) 也可以使用。

索赔金额可能是，足以使遭受损害方恢复损害发生之前的状态 (在可能的情况下)。这可能不仅包括直接损失，也包括间接损害、心理伤害、道德损害、继发性损失。赔偿金额应按照国际法和公正、公平的原则确定。然而，如果案件提交给国内法院，法院通常依据其国内法律做出裁定。

《外层空间条约》第 7 条的规定，已在《责任公约》中进一步阐述和加强。该公约以明确的条款规定，发射国家 "对其外空物体在地球表面及对飞行中之航空器所造成之损害，应当承担给付赔偿之绝对责任"[1]。当加拿大因为失效的苏联空间物体 (空间碎片) 宇宙 954 卫星所造成的损害向苏联索赔时,《责任公约》的这个亮点, 有可能使得这次争端直截了当、恰如其分地得以了结。该卫星闯入加拿大领空, 将其携带入轨的危险放射性碎片沉降在加拿大领土。

另外,《责任公约》第 3 条明确了在外层空间 "遇到一个发射国之外空物体对另一个发射国之外空物体或此种外空物体所载之乘员或财产造成损害时" 的过失赔偿责任。换言之, 索赔国必须确认不仅损害是由属于另一国的空间物体 (或其组成部分, 或由它产生的碎片) 造成, 而且该损害是由于后一国家或其负责人的过失造成的。应该指出的是, 由于有限的空间监视能力, 特别是当索赔国不是一个航天强国时, 要明确并令人信服地确认另一国的小卫星 (包括未被跟踪的小块空间碎片) 造成损害是由于其过失, 即使并非不可能的, 也将是困难的。在这种情况下, 也许拥有适当的监视能力的第三国或其私有公司的专业技术, 可以用来提供有关特定事故所需的数据。解决小卫星所引起损害纠纷的法院, 也可以传召拥有空间监视专业技术的证人。

根据《责任公约》第 1 条第 1 款, 术语 "损害" 是指 "失去生命、人身伤害或其他健康损害, 以及国家、自然人、法人、国际上政府间组织的财产损失"。一些学者认为, 只有由小卫星 (或其组成部分或碎片) 造成的有形损害可获得赔偿。然而, 既然可以获得 "其他健康损害" 的赔偿, 可以合理推定术语 "损害" 也涵盖了没有任何物理表现的精神伤害或者心理伤害。国际空间法只对有关国家而不是其私人实体, 规定了损害的赔偿责任。然而目前不仅有, 并且肯定有数量众多的私人公司、学术机构甚至非政府组织, 正在从事小型卫星系统的建造和运营。

《外层空间条约》第 6 条规定, 如果一家私人公司或学术机构建造和/或发射一颗小卫星, 其所在国 (发射国家) 应该根据其国内法律的规定进行授权, 以促进该国履行 "批准并持续加以监督" 国际义务的绩效。规范这些机构的活动是困难的, 尤其是对那些没有足够或适当的国内空间法律的国家。因此, 如果需要赔偿, 这些国家本身最终将会承担向第三方的全部赔偿费用。如果被授权的公司或学术机构拥有的小卫星造成了任何损害, 该授权国不仅承担责任而且也负有义务。同样地, 如果小卫星造成了任何损害, 即使并未在该国明确授权, 相关国家仍然负有责任和义务。很显然并且很有可能的, 发射小卫星的国家 (或其私人公司进行发射) 可能成为赔偿诉讼的目标, 尤其是当造成损害的卫星属于小国、小公司或学术机构时。

6.1.2 一般国际法或者国内法规定的法律责任

对于《外层空间条约》或《责任公约》的非缔约国或其公民, 在受到外国空间活动造成的任何损害时, 如果该外国及其实体和造成损害的卫星具有真正的联系, 可以要求该外国负责, 并根据一般国际法或者造成损害国家的国内法律进行国家赔偿。然而, 通常这类索赔必须克服严重的不确定性 (例如, 法律选择、法律冲突、索赔依据、损害的可赔偿性和总额、法庭程序、证据的性质和可采纳性、法院语言、法庭管辖权)。这样的努力, 可能是非常昂贵的, 而且在解决之前, 也许会拖延相当长的一段时间。

6.1.3 风险管理

当国家或其实体 (公民个人、私人公司、大学等) 面临小卫星造成损害的赔偿责任, 可以通过购买保险来管理其责任风险。卫星的所有者、发射提供商或者卫星运营商均可获得保险。在一些国家, 获得责任保险是取得发射许可证和 (或) 运营许可证的必要条件。例如, 在美国, 颁发发射许可证之前, 申请人必须保证足额的责任保险, 或者证明其财务偿付能力, 足以赔偿由于损害 (第三方的死亡、人身伤害或财产损失) 而向美国政府索赔的最高额损失[2]。

然而，小实体、学术机构或者小国，可能并不清楚可适用的国际法规或者国家法规的要求，潜在的责任风险、可能的保险，甚至考虑保险的成本，可能都比该卫星本身更昂贵。这种情况促使各发射国家建立适宜的监管制度，并在其中规定了发射小卫星的强制性保险要求。

6.2 轨道碎片缓减问题

尽管国际空间法 (特别是 1967 年的《外层空间条约》和 1972 年的《责任公约》) 确实在处理空间碎片所导致损害的后果，但是，它没有明确的法规条文，论述空间碎片产生这个情况的监管问题。另一方面，出现了反对任何国际条约谈判、偏爱非约束性准则的趋势。空间碎片问题，已经在和平利用外层空间委员会 (COPUOS)[3] 以内和联合国以外讨论了 20 年之久。

目前，以下三套空间碎片缓减标准和准则已经被采纳。

(1) 欧洲航天局发布的《欧洲空间碎片安全和缓减标准 (2002 年)》。

(2) 机构间空间碎片协调委员会 (IADC) 发布的《空间碎片缓减指南 (2002 年)》。

(3) 联合国和平利用外层空间委员会发布的《空间碎片缓减指南 (2007 年)》。

上述指南，在自愿基础上由国际社会评论，简要地规定了以下做法，但是没有任何强制措施。

(1) 在正常操作期间，限制碎片的释放。

(2) 在运营阶段，最大限度地降低解体的可能性。

(3) 限制在轨意外碰撞的可能性。

(4) 避免蓄意破坏和其他有害活动。

(5) 最大限度地降低剩余能源导致的任务后解体。

(6) 在任务结束后, 限制航天器和运载火箭上面级在近地轨道的长期存在 (最多 25 年)。

(7) 在任务结束后, 限制航天器和运载火箭上面级与地球同步轨道区域之间的长期干扰。

需要注意的是, 这些 "自愿准则" 并没有法定地绑定在国际法之下。各国和各种国际组织, 被期望自愿地采取措施, 通过国家机制或适用的各自机制, 以确保这些准则得以实施, 最大程度地使得空间碎片缓减的做法和程序可行。最重要的是, 这些准则并不涉及清除现有空间碎片, 现有的这些碎片仍然具有巨大的潜力, 通过破碎产生新的碎片。

各国应用这些准则将是具有挑战性的, 特别是将其应用于小卫星、微卫星, 尤其是在那些没有国家监管机制, 或者对此类卫星不发放或不要求任何许可证的国家。

日本的小卫星虽然注册在日本, 但传统上一直由外国运载火箭发射, 相关国家通常解决他们的许可要求、安全性要求、碎片缓减要求。只有当日本宇宙航空研究开发机构用自己的火箭发射卫星时, 这些卫星的安全以及与之相关的碎片缓减措施才会得到保证。在这种情况下, 日本宇宙航空研究开发机构的安全法规和碎片标准会被强制执行。

为了减少卫星产生的空间碎片, 各国正在研究和探索一些技术解决方案, 例如, 太阳帆系统或微推进器的设计和发展, 可用于推动小卫星脱离轨道, 以避免增加空间碎片的数量[4]。有建议认为, 小卫星不仅不是问题, 更可用于清理废弃卫星的碎片, 从而有助于解决空间碎片问题[5]。但是, 这个建议以及其他提议的技术方案和管理机制的实际可行性, 尚未被充分研究。

注释

[1]《责任公约》第 2 条。

[2] draft articles on responsibility of states for international wrongful acts, adopted by the international law commission at its 53rd session (2021), from the report of the international law commission on the work of its 53rd session, official records of the general assembly, 56th session, supplement No.10 (A/56/10), (chp.IV.E.1).

[3] 20 year of space debris discussions at the United Nations, NASA, Orbital Debris: Quarterly News, April 2013, p.1.

[4] Stegpen Harris, Cube-Sat sail system is able to pull small satellites out of orbit, 23 December 2012; 互联网链接: http://www.theengineer.co.uk/aerospace/news/cube-sat-sail-system-is-able-to-pull-small-satellites-out-of-orbit/1014720.article; Jennifer Chu, MIT-developed micro-thrusters could propel small satellites, Aug.17,2012; 互联网链接: http://www.phys.org/news/2012-08-mit-developed-micro-thrusters-could-propel-small-satellites.html.

[5] Jose Guerrero, et al., How Can Small Satellites be Used to Support Orbital Debris Removal Goals Instead of Increasing the Problem?, a paper presented at the 24th annual AIAA/USU conference on small satellites, 2010; 互联网链接: http://www.digitalcommons.usu.edu/cgi/viewcontent.cgi?artical=1197&context=smallsat.

第7章

小卫星问题技术的、运营的、管理的解决方案

那些想要设计、建造、发射、运营小卫星项目的人们，将面临诸多挑战。这些挑战可以大致分为以下两类：① 技术问题和运营问题；② 法律法规和责任问题。虽然这些问题和关切是相互关联的，本章仍将按照上述顺序，从多学科的角度开展讨论。

7.1 技术问题和运营问题

由第 3 章可注意到，目前小卫星技术取得了许多进展。新技术的持续发展，使小卫星能力更强、更可靠，并在寿命末期具备更强的离轨能力。正在发展的全新发射能力，也有利于划算地将小卫星部署进入所需轨道。系统的标准化和高品质工具包的开发，可以在提高可靠性的同时降低成本。除此之外，为实现低成本、高可靠小卫星的目标，新技术的开发还有很多工作可做。这种现状，几乎存在于小卫星发展的每一个方面。

7.1.1 新式电源系统的挑战

在电源领域,改进型的锂离子和锂碳离子电池代表了目前可用的最高能量密度,但是,这两类电池存在起火燃烧的问题。这一领域的深入研究显然很有必要。在太阳能电池领域,量子点技术和多结光伏电池是大有前途的研究领域。对于成本最低的小卫星,硅基太阳能电池能够继续有效地使用。在这种情况下,研究目标或许是采用无定形硅基晶片或对称硅基晶片,用来开发和使用低成本的太阳能电池,从而获得成本最低的太阳能量。

7.1.2 新式天线系统的挑战

在天线领域,目标是找到成本最低、工作可靠的天线系统,而且该系统仍然能够提供高增益性能。在这方面,研究和开发可充气天线可能是低费效比的路线。这个概念的进一步需求在于,高增益天线的充气机构也可以用来对气球或其他机构充气,这将有助于小卫星在任务寿命末期更高效地离轨。在这个意义上,可以开发低成本相控阵天线馈电系统与充气机构(或其他低成本、轻质量的天线反射器)一起工作,这可能有助于建造一个高性能、低成本的天线系统。

7.1.3 新式离轨系统的挑战

近年来,在开发便于小卫星离轨的改进系统方面,已经取得了相当可观的进展。许多这些进展均涉及充气系统,即某种形式的气球或充气结构,可大大增加小卫星的横截面积,从而增加小卫星受到的大气阻力。

上述思路还可以有各种变化。一个可能的变化是,将充气天线与用于重力梯度稳定的可伸缩吊杆组合,从而将功能系统与离轨机构结合起来。由于该系统在任务的开始阶段部署,因而将会降低项目的总寿命时间。不过,这样的设计仍然能够允许长达 5~7 年的运行寿命。另一个可能被探索的概念是, 部署几颗 (3 颗或 4 颗) 小卫星, 并同时使用轻质吊杆进行相互链接。在寿命末期, 可伸出一张聚酯薄膜, 对连接自由飞行小卫星的框架产生显著的阻力。

当前阶段的重点, 是为寻找新的、低成本和更有效的小卫星离轨手段, 定义一个持续的发展目标。在这方面, 不同的研究所和学术机构的最新进展令人鼓舞, 表明解决方案的确可能找到。

7.1.4 新式定位系统和定向系统的挑战

最近的一些项目日益表明, 的确可以通过研发主动推力器, 改进定位系统和定向系统。已经证实, 水醇推力器的成本和可靠性合理, 而且工作起来相当有效。4~8 单元 (4~8 U) 的推力器系统似乎是相当可行和有前途的。尽管这些定位系统和定向系统的设计初衷, 是支持有效载荷的任务目标, 但是也可以在任务的寿命末期提供一些辅助。

7.1.5 标准化和工具包系统的挑战

1 单元、2 单元以及多达 8 单元立方体卫星的尺寸标准化运动, 以及优化设计工具包的发展, 已经将 "建造" 小卫星过程 "去复杂化", 显著地扩展了小卫星潜在实验者的范围。现在, 可能是开发新一代先进的 "整合者工具包" 的时候了, 该工具包能够允许若干立方体卫星单元 "插入" 一个更大的单元, 进而将若干实验甚至应用程序包结合在一起, 不仅可以应用于合并的发射和部署, 还可以应用于可部署的寿命末期离轨系统。

作为全球共享的技术, 具有离轨能力的整合系统对未来的空间用户很有价值, 因此, 可能会创立一个基金, 提供经济激励, 用以鼓励这些合并的 "超级立方体" 卫星系统的使用, 和/或协助发射及部署。在某些方面, 这种方式的想法, 与将要在国际空间站搭载飞行的 Nanorack 实验是等同的, 尽管该方式仍然允许拥有 "自由飞行" 卫星, 但这种方式可以减少空间碎片,并且理顺登记手续。

此外, 设计质量更轻、性能更高、搭载能力更强的工具包, 还存在其他技术挑战。显然, 也应该致力于这些改进。

7.2 监管、法律和责任问题

技术进步和业务创新, 并不能解决所有的问题, 并为所有涉及小卫星未来的关切提供解决方案。在监管前沿的创新也可以是有益的。通常认为, 规章、制度和新的法律条件只会增加小卫星项目的成本、复杂性, 并且拖延进度。在某些情况下, 确实如此。然而在美国, 关于小卫星的新审批程序, 实际上简化了小卫星项目的登记流程。毫无疑问, 整合小卫星项目的新监管程序, 目的是为学生探索项目、以大学为基础的实验项目等项目创造正向激励。将自由飞行的小卫星整合为合并的空间活动, 不仅可以节省发射和运营成本, 而且还可以简化登记要求和监管要求。

所有实际发射卫星的国家, 均应在发射前签订协议, 要求卫星的所有者: ① 妥善处置报废的卫星; ② 应对第三方索赔的强制保险; ③ 采取 7.1 节概述的各种保护措施和空间碎片缓减措施。

为了减少微小卫星的监管负担, 并且增加足够可用的无线电频率, 有必要进行监管体制的变革。在这方面, 国际电信联盟、美国联邦通信委员会、美国国家海洋和大气局正在做出卓有成效的努力, 其他国家也应效法。然而, 需要有相应的步骤, 来处理空间碎片潜在的相关问题。

应当更加有效地执行所有卫星的国际注册。人们可能会考虑将各国的国家登记册与联合国国际登记册进行电子链接。对于小卫星所有者和经营者, 由小卫星引起损害赔偿责任的可能性增大, 可能会导致施加过度的监管挑战和财政挑战。因此, 就需要技术措施和管理措施, 以适当的形式达成某种平衡。这些措施, 可能包括国际监测能力、空间态势感知、空间交通协调、发射服务提供商和卫星运营商之间的双边协议、保险要求、碎片缓减及清除措施。

对于以有限资金开展空间实验的组织和国家，小卫星代表了新的机遇，其体积小、质量轻，可以大大降低发射成本。然而，就轨道碎片而言，小卫星则呈现了潜在的、严重的空间安全困境。如前所述，这些潜在的风险，可以通过多种方法最小化，例如，采用增加主动系统或被动系统的方式辅助离轨、将单元集成到具有主动控制功能的更大系统之上，或者借助其他任务开展实验，例如国际空间站搭载的有效载荷，甚至在私人空间站上持续进行的实验，也从来都不是自由飞行器。

有许多伦理准则和技术准则，适用于近年来凸显的小卫星事务。目前，所有这些准则均不单独区分大、小卫星。如果所有应用到大型卫星的准则，对小卫星严格实施，没有一个纳卫星项目可能存在。例如对于发射服务商和相关责任伙伴，考虑到他们应当遵循的现实准则和伦理准则，在接受发射小卫星任务时，如果严格要求他们承担部分责任负担，至少，他们可能会对同意部署小卫星及卫星任务变得更加挑剔。

显然，小卫星社团必须进一步重视设计和运营的最优方法。国际标准化组织 (ISO) 已经开始开发这种非标准化的运营方法。由小卫星组成的 1000 kg 及以上星座的运营案例，涉及不同的问题和伦理方面的考虑，在此情况下，主动离轨系统是必需的，直到将来开发出某种碰撞规避及离轨的全新技术，类似 Teledesic 公司超级卫星 (Megasatellite) 星座的设计，应该是不可接受的。

第8章

小卫星和空间碎片的十大应知事项

小卫星可以在有限的预算下提供教育节目，可以在近地轨道上部署全球星座，以及用小型化载荷应对特定的空间任务。由于这些实实在在的优势，小卫星的发射将可能继续以指数形式增长，从而引起空间碎片数量的同步增长。为了减少空间碎片，必须制定并实施国家监管、开发并应用技术解决方案。出于对未来空间碎片雪崩式增加而失去控制的担心，许多步骤正用于缓减空间碎片，其中一些步骤，规定了开展小卫星任务和小卫星实验的更好方式。

小卫星企业如何以积极的方式谋求发展，同时避免让本来已经严重的空间碎片问题雪上加霜？为此提出了以下十个想法。

（1）应该支持大量新的、有前景的技术，开展针对性的研发，从而更好地帮助小卫星的设计和运营。合并的"超级立方体"卫星系统和具有离轨能力的工具箱很有价值，并且可以理顺登记手续。

过去 10 年里，发展新技术的努力已经取得了巨大进展。与小卫星产业相关的新技术，包括微推力器、高速数据处理、寿命末期离轨系统、星载存储、标准化工具包，它们共同实现了更好的小卫星设计、更低的成本、更高的性能、更高的可靠性，以及更长的寿命。然而，以下领域还值得进一步研究: 开发更好的微型元件 (微处理器和存储单元)、改进型电源系统 (量子点太阳能电源系统、改进型电池)、成本更低和更加紧凑的离轨系统、改进型天线系统 (相控阵天线馈电系统、可充气天线)、成本更低的推力器和发射系统。除发展新的卫星技术及发射技术外, 还可以改进技术转移体系, 使得大型航天器的相关技术也适用于小型航天器。

(2) 应当优先研发小卫星的离轨系统、定向系统和定位系统。再次说明, 将多个自由飞行任务合并, 可能是划算地实现这个目标的一条途径。

早期的小卫星和许多目前正在设计和部署的小卫星之间主要的差异之一, 是后者可以配备用于定位功能和离轨功能的主动推进器。有许多新技术可以用于小卫星任务, 但是, 发展能够提供可靠、低成本定位能力的新式机构, 特别是能够在寿命末期辅助离轨的系统, 应当在新的发展计划里列为重中之重。

这些新机构可能是 "主动" 装置 (如小规模、低推力的推力器) 和 "被动" 装置 (如充气气球或机翼, 可增加大气阻力, 辅助最后的离轨) 的组合。有的元件 (如可充气天线), 可以在小卫星操作的第一阶段增加功能, 并在寿命末期辅助离轨。

(3) "整合" 多种类型的小卫星项目, 或者研究 "搭载有效载荷" 的方法以满足任务需要, 应当将其作为首要目标进行考虑, 并且在任何可能的时候加以实现。

许多小规模的空间项目, 应当在早期阶段检查是否可以通过 "有效整合" 来实现多重任务目标。通常情况下, 这样的整合可以降低成本和风险, 也可以尽量减少与轨道碎片有关的问题。在这方面, 现在有许多可选项, 使用搭载有效载荷是一个越来越有吸引力的选择。该方法可以用于独一无二的实验, 比如将有效载荷包搭载于地球同步轨道卫星; 对于其他情况, 如果需要全球覆盖, 当多个子系统包需要进行空间飞行时, 多种类型的有效载荷包可以搭载在近地轨道星座上。

对于小型教育类空间项目, 另一个选择是通过 NanoRacks 装置在国际空间站上进行搭载实验。这种情况下的成本低, 宇航员还可以启动实验、停止实验, 并且为其提供动态控制。此外, 在国际空间站进行搭载实验, 没有纳卫星寿命末期的离轨问题。随着私人空间站的部署 (如 Bigelow 宇航公司计划), 对于多种多样的实验和大、中、小型教育载荷包的空间飞行, 选择范围将会大大增加。那些认为小卫星、纳卫星、皮卫星、飞卫星必须在太空自由飞行的观点, 除了某种想当然的 "国家声望或个人声望" 外, 并没有特别的优势。将小卫星任务合并和整合为 "载荷包", 可以分享动力并作为一个整体成果进入太空, 具有诸多优点。这一合并方法可以减少发射成本、卫星任务设计成本、运营成本, 还可以延长在轨实验时间, 减少潜在的责任, 确保获得可靠的电源, 并提供定向精度、定位、稳定性等方面的辅助性能。最后, 它可以缓解满足注册要求的难度。

(4) 所有发射卫星的航天国家和企业, 应当就轨道碎片缓减工作和主动的轨道碎片清除工作达成约束性协议。

通过机构间空间碎片协调委员会和联合国和平利用外层空间委员会的合作, 现在已经取得了重要进展: 各国就自愿程序已经达成协议, 以避免产生新的轨道碎片, 并在卫星寿命末期主动离轨。然而, 这些自愿程序需要加强并且赋予强制性质, 它们需要被转化为由制裁 (和/或奖励) 支持的、具有约束力的国际法, 以帮助它们实施。目前, 当提到仔细的监测、协调一致的努力, 以避免小卫星加剧轨道碎片问题的时候, 许多小卫星却没有被注册, 因而在某种程度上, 它们是 "在雷达下方飞行"(译者注: 即不受监管)。

当然, 轨道碎片的问题不仅仅是由卫星部署引起的, 推进剂贮箱爆炸以及运载火箭上面级也产生轨道碎片。应当充分考虑导致轨道碎片产生的所有类型的活动, 并发展强制性措施来缓解这一问题。希望使用小卫星进行实验的许多国家 (或实体), 可能会认为受到了歧视, 因为他们刚刚开展空间活动或者资源有限, 并没有制造空间碎片, 但却被挑选出来, 施加了一些必须的限制措施。在这方面, 拥有在轨资产并且能够进行小规模空间实验的航天大国 (国际空间站的业主和运营商), 可能希望考虑采取一些激励机制, 例如, 允许刚刚开始空间活动的国家开展教育实验项目和教育项目, 而这些项目过去常常在 NanoRacks 之类的实验设施上合并开展。这样, 通过避免自由飞行器的大幅增加, 有助于缓减空间碎片问题。从长远来看, 航天大国是受益的。

(5) 对所有的卫星发射, 包括小卫星, 实施新的经济协议和保险条款。

如上所述, 新法规不仅可以阻止产生新的空间碎片, 还要求每次新的发射向一个基金捐款, 以支持主动的空间清扫活动。目前, 伴随着大多数商业发射入轨活动, 现行发射保险政策均要求提供各种类型的保险责任范围。有的保险责任范围是在发生重大事故并且任务偏离发射弹道、落在居民区的情况下, 负有赔偿责任; 有的保险责任范围是任务本身, 在该任务目标未能实现的情况下提供资金保障, 用于支付一次新的发射服务和一颗新卫星; 还有其他类型的保险责任范围, 以防止卫星碰撞和卫星的破坏。

为了应对空间碎片的问题, 没有理由认为, 保险机制和轨道碎片的相关基金不能改变。这种新的经济协议和保险责任范围, 将适用于所有发射 (商业、民用、政府、国防) 及所有类型和等级的卫星 (大型、中型、小型卫星)。如果将小型空间任务作为合并的项目执行, 并且作为合并的载荷包发射, 则可以有效地减少保险需求 (特别是关于赔偿责任和防止轨道碎片) 的单体努力。合并的任务还可以简化登记通知, 因为, 如果四个项目确实经过合并, 则只需登记一次而非四次。由于单只小型 "自由飞行器" 的成本会更高, 但是作为 "合并" 任务的一部分, 成本将会减少, 因而, 这种任务的保险协议将同时作为奖励和惩罚。

(6) 必须实施新的空间物体责任协议，并且激励对空间碎片的清除。

目前的《责任公约》，并不完全适合用于彻底处理轨道碎片事宜。目前，各国只在损害已经发生并且责任得以明确认定的情况下，对空间物体进行赔偿。但是对于防止碎片发生，以及从一开始就将风险最小化的积极努力，并没有特别的奖励措施或者激励措施。对《责任公约》进行修订，是一个积极的步骤，使得各国和各商业组织首先都有抑制空间碎片的主动动机，并且拥有法律和经济手段使得风险最小化，而且从一开始就减少潜在的未来赔偿责任。

不幸的是，这似乎并不可能在短期内实现。因此，空间碎片协调委员会的成员有必要讨论这一问题，并寻求航天国家可能会同意的某种准则，其中包括建立一个多边的空间物体责任基金，在发生了空间碎片的相关事故后，可以覆盖第一轮的索赔责任。这样的协议，可能成为处理这一问题的基础，并且可能以基金作为应对不良后果的"保险"形式，建立一个从空间活动的参与者向第三方的责任风险转移机制。某些这样的机制似乎可以降低整体风险，并建立激励机制，以降低空间碰撞的风险，以及降低未来产生更多空间碎片的风险。简而言之，需要空间协议和机制，需要积极寻求解决方案，而不是仅仅希望空间事故不会发生。如果这些类型的经济协议不能达成，那么，也许可以设置强制仲裁程序，作为这个问题的另一种处理方式。

如果这种责任改革，无法通过和平利用外层空间委员会及联合国其他程序等机制来实现，那么其他选择也是可能的。机构间空间碎片协调委员会，甚至航天保险公司，可能讨论并通过新型责任保险协议和新型支付方式，从而有效降低轨道碎片风险。政府批准或商业认可的一些新型协议是必要的，这些协议需要由政府批准、金融债券、某种形式的保险、强制仲裁来支持。

(7) 离轨规定应由 25 年降至 20 年, 并且是强制性的。

目前, 机构间空间碎片协调委员会 (IADC) 在指南中建议, 将卫星设计成在 25 年内离轨。随着立方体卫星、纳卫星、皮卫星甚至飞卫星发射率的增加, 很多人认为这些规定不再适用。新增的充气装置或者其他离轨机构, 应当确保适应新的指南, 而且不会导致复杂性和费用的过度增加。从某种意义上讲, 离轨能力的增加, 被看作不合理的负担, 而转移到国际空间站 (通过 NanoRacks) 或者正在计划部署的商业空间站 (如 Bigelow 宇航公司) 进行合并实验, 则可以提供寿命更长、成本更低的选择。然而, 这一变化需要对小卫星和离轨机构进行强制登记, 并通过某种形式的奖励或制裁来支持这些规定。这就需要所有的航天国家通过协议, 不再发射任何小卫星, 直到适当的协议可以确保小卫星在 20 年内离轨, 或将小卫星任务转变为空间站上的合并任务或搭载的有效载荷, 这样, 将在有保证的基础上实施小卫星的再入地球。

(8) 轨道碎片和空间安全的长期解决方案之一, 似乎是需要通过国际民用航空组织 (ICAO) 和/或国家、地区的航空交通机构和航天交通机构, 实现某种形式的空间交通管理和空间交通控制。

系统的空间交通管理研究和空间交通控制研究, 现在正处于早期阶段。初步成果包括这一领域出版的专著, 例如, 由 R. S. Jakhu 等编辑的《航空与航天的综合监管机构需求: 空间的国际民航组织?》。在国际空间安全发展协会 (IAASS) 与国际民航组织、国家和地区的航空交通控制机构的合作框架内, 正在讨论创建一个研究程序。

这些新研究程序的最初重点, 将优先考虑航空公司乘客的安全, 将其作为应当缓解的最重大危险因素。伴随着私人的空间活动, 例如亚轨道空间冒险飞行、商业空间发射、私人空间站, 尤其是高超声速运载器试验数量的增加, 有待探索的问题范围, 以及需要设计的新监管能力也将随之增加。

随着时间的推移,监管力度日益增加。很重要的是,监管议题的范围还需扩展,直到涵盖环境问题和频率管理问题,以及由空间运输和空间飞行引起的其他问题和其他关切,包括所谓的亚空间或"原型空间"操作,亚空间的海拔高度介于 21~100 km,这是通常认可的外层空间定义[1]。这些活动最终可能涉及修订 1944 年《国际民用航空公约 (芝加哥公约)》,而国际民航组织正是在该条约下运作,并且正式向联合国相应部门履行职责,这些部门包括世界气象组织 (WMO)、联合国环境规划署 (UNEP)、国际电信联盟等。

(9) 应当尽快实施关于有毒火箭、卫星推力器燃料、电源系统等方面的新国际法规和新国际准则。

同样,这些关切并非只与小卫星相关,因为有毒火箭、推力器燃料、危险电源系统的相关事宜,首先和最直接地将会涉及大型卫星和中型卫星的部署。随着越来越多的环境友好型燃料和环境友好型电源系统的开发,它们将有必要应用到所有类型的卫星,包括小卫星。由于小卫星任务的业主和运营商都极具成本意识,因而存在特别的关注,以确保这些领域的新法规 (以及对离轨系统、定位系统等的限制规定) 不会造成过度的财务困难,或者,对那些小卫星相关活动的从业者们,不会实施过于苛刻的监管程序。此外,目前存在亟待处理的个别难题,有些由商业发射公司开发的最安全、成本最低的火箭系统采用了固体推进剂 (氯丁橡胶),这种推进方案,对有害颗粒物排放和环境问题提出了严峻挑战。

(10) 必须建立政府间组织[2],结合公私伙伴关系,依照国际运作框架和国际管理框架,采取主动的空间碎片清除活动。

地球轨道已经存在大量空间碎片,现在已经超过 6300 t。为了避免产生新的空间碎片,导致发生灾难性的凯斯勒综合症,除了缓解工作和预防工作之外,对现有空间碎片的主动清除工作,更是必不可少。目前,正在研究开发各种技术手段及碎片清除能力。然而,空间碎片的清除,仍然面临技术层面和管理层面的诸多挑战。

发射进入外层空间物体的登记国, 拥有该物体的管辖权和控制权, 即使该物体是一个非功能性的空间物体 (如空间碎片)。因此, 如果一个国家及其授权的行动人希望清除空间物体, 只有当其对该空间物体 (即空间碎片) 具有法律上的管辖权和控制权, 或获得了登记国的事先许可, 才能合法进行。所以, 必须寻求监管机制, 以促进这种许可的寻求和获得, 建立尊重管辖权和控制权的规则, 并获得各方同意。为了对空间碎片主动清除活动进行引导, 应当对于空间碎片的构成, 形成一个标准的而且法律可接受的定义。此外, 还应注意到, 空间碎片的主动清除技术和主动清除活动具有战略意义和军事意义, 因为它们可以用作反卫星武器 (ASAT)。

为了尽量减少有关空间碎片清除或改变任何空间物体轨道的军事关切、外交关切、政治关切, 空间碎片的清除活动, 需要在国家层面和国际层面进行监控和协调, 并且, 应当依据国际运营框架和国际监管框架实施。这可以通过商业协议来完成, 或者甚至需要建立一个政府间组织 (IGO), 以促进空间碎片主动清除技术的发展, 随后, 在商业基础上许可、实施、协调主动清除操作。建立这样一个组织, 应该有这些国际协议: ① 对空间碎片的明确定义; ② 一组特定法规, 遵照该法规, 空间碎片的登记国, 授权对这些空间碎片的清除和维修。大量需要处理的其他空间问题, 例如 "原型空间" 的空间交通管理、环境保护、法规, 也使得上述考虑复杂化。这些领域的新国际协议, 可能会与涉及空间碎片的协议重叠, 也可能不会重叠。

这件事情的底线是: 空间活动, 将日益成为所有国家和所有人民的政治利益、经济利益、法律利益、伦理利益、商业利益。是时候进行全面的思考和行动, 以最佳的方式处理这些问题了, 实际上, 早该如此。我们希望, 联合国和平利用外层空间委员会和机构间空间碎片协调委员会, 以及其他有关国际机构, 将开始认真处理目前面临的空间相关问题, 并在这些问题变得更加难以解决之前, 寻求新的解决方案。

注释

[1] Joseph N. Pelton, Beyond the Protozone: A New Global Regulatory Regime for Air and Space, American Bar Association Forum on Air and Space Law, Washington, D.C. June 6, 2013.

[2] 更多细节, 请参阅 "Active Debris Removal - An Essential Mechanism for Ensuring the Safety and Sustainability Of Outer Space: A Report of the International Interdisciplinary Congress on Space Debris Remediation and On-Orbit Satellite Servicing." 联合国文档: A/AC.105/C.1/2012/CRP.16 of 27 January 2012.